GONGYE CHANPIN ZHITU KUAISU RUMEN

U0733915

工业产品制图快速入门

* 张钰粮 赫荣定 编著

新

四川美术出版社

图书在版编目（CIP）数据

工业产品制图快速入门 / 赫荣定，张钰粮编著．——
成都 ：四川美术出版社，2014
高等院校艺术设计教材
ISBN 978-7-5410-6022-9

Ⅰ．①工… Ⅱ．①赫… ②张… Ⅲ．①工业产品－制
图工程－高等学校－教材 Ⅳ．①TB23

中国版本图书馆CIP数据核字(2014)第133383号

GAODENG YUANXIAO YISHU SHEJI JIAOCAI
高 等 院 校 艺 术 设 计 教 材

工业产品制图快速入门

GONGYE CHANPIN ZHITU KUAISU RUMEN

张钰粮　赫荣定　编著

出 品 人	马晓峰
责任编辑	何启超 蒋 宁
封面设计	何启超 陈 晶
版式设计	蒋　宁
责任印制	曾晓峰
校　对	周　红
出版发行	四川美术出版社
	（成都市三洞桥路12号 邮政编码 610031）
制　作	成都华林美术设计有限公司
印　刷	四川经纬印务有限公司
成品尺寸	185mm×260mm
印　张	7.5
图　幅	230
字　数	165千
版　次	2014年8月第1版
印　次	2014年8月第1次印刷
书　号	ISBN 978-7-5410-6022-9
定　价	32.00元

高等院校艺术设计教材
编审委员会 ●————————————————————

主编

黄宗贤　龙　全　马一平　林　木　程丛林

王岳川　徐仲偶　吴　翔　魏绍龙　刘境奇

赵　健　张　林　徐伯初　甘庭俭　张　苏

刘遂海　罗　徕　李晓寒　甄忠义　叶　苹

朱　飞　李　伟　陈小林　谢可新　蔡　蓉

刘春明　赫荣定　胡邵中　洪志钧　马晓峰

余其敏　田　曦　黎　伟　何启超

选题策划

何启超　赫荣定　李　伟　张　蔚

现代设计教育丛书

编委

罗　徕　郭道荣　代钰洪　赫荣定　张　蔚　郑晓东

高　铁　杨　扬　万　国　黄　悦　马丽娃　张钰粮

董　泓　张鸶鸶　李星丽　罗世玉　袁　跃　周　胜

朱　敬　李　茜　高德武　石　阳　郑黎黎　杨　璐

贾玉平　吕　然　曾　越　刘克彪　王婧劼　徐小杰

付　冰　干　韵　余　炳　夏　科　钟　舒　陈　璃

总　序

　　进入二十一世纪后，在社会文化大转型的背景下，我国高等美术教育的格局和内涵发生了巨大的变化。这种变化具体体现在三个方面：一是独立的老牌美术学院的扩充和开放性与其他综合性大学以及民间资本对美术教育的青睐，打破了高等美术教育单一的办学与教学模式，美术类专业已经成为我国高校中专业增长最快的学科门类之一；二是大美术观已基本确立，传统的"纯美术"与设计艺术以及一些新兴的美术门类(如动画、新媒体艺术等)形成了共存互动的关系；三是与整个艺术的变革与发展态势相一致，艺术在当代文化背景中与其他学科有了一种更深刻的内在关联性，由重艺术的训练向重观念和创造性思维的培养转换。

　　在这种新的形势下，高等美术教育的教学内容和教学方法及手段的变革势在必行，特别是教材的建设更需加大力度。基于我们对当下中国高等美术教育发展势态的把握与认识，以及高等美术教育教学的实际需求，我们组织了若干高等艺术院校或艺术专业中的一批有较高学术造诣和丰富教学经验的专家、学者编写这套系列美术教材，以满足众多美术与设计院系教学的实际需要，促进高等美术与设计教育的发展，加快复合型、创新型美术人才的培养。在这套教材的编写过程中，我们力求做到四个结合：

　　一是创新性与基础性的结合。作为造型艺术的美术，在其发展的过程中形成了许多富有长久价值的知识体系和普遍性规律，作为教材必须尊重这些知识和规律，因而这套教材自然包括作为造型艺术基础教学内容的素描、色彩等和具有悠久传统的油画、国画、设计基础等教材。当然，美术总是随着时代的变革而发展的，一些新兴的艺术门类因文化与科技的发展以及审美趣味的变化而出现，即便是传统学科其内涵也随着时代的发展而不断扩展，出现新的观念、新的表现方法与手段，因而，编写以往没有或薄弱的课程教材是我们不能忽视的，体现新的观念、新信息、新知识更是各部教材尽力而为的。唯有如此，才能体现出时代性与创新性。二是系统性与启发性的结合。所谓的系统性包含两方面的含义，一是这套教材力求编出我们当下作为美术类专业教学所需的主干课程的教材；二是在各部教材中力求结构的完整、知识点与信息的全面准确。但是，对一些正在发展与变革的艺术观与表现形式，特别是一些探索性的艺术家的艺术思想与表现方法，我们要尽力给予一定的描述与介绍，给予学生更大的思考空间和更多的启发性。三是理论性与实用性的结合。作为教学重要载体的教材，对基础知识、基础概念、基本技能技巧的系统准确介绍是不可缺少的。美术创作——无论那种美术门类的创作都呈现出将物质材料精神化或将精神物质化的过程，这就决定了美术各门类具有明显的实用、实践性品质。因而，这套教材必须要对实用性较强的教材的编写给予特别的关注。同时，在各部教材中对技术与操作层面的内容介绍也予以十分的重视。四是经典性与开发性的结合。教材，特别是艺术教材有着重要的示范性。其知识点与观念的介绍必须具有代表性、经典性。特别是范画的选择力求选用经过时间检验的名家的名作，让学生了解人类的艺术成就，树立民族自信心和多元文化艺术观。即便是选用学生的范画，也要选用那些具有针对性、启发性、独创性的作品。这样，以便学生在前人或他人的视觉经验中吸取有益的养料，以滋养自己的艺术生命。当然，经典性与代表性本身不是制约开拓性的阻力，所以在这套教材中，自然要融入一些并未成经典、甚至还不被所有的人认同的观点和作品，让学生在学习过程中去甄别良莠，认识与感受处于动态发展过程中的艺术的特性。

总之，本套教材在结构和内容上尽力体现素质导向、兴趣导向、创造导向和发展导向的现代美术教育的课程理念。当然，由于种种原因这套教材或其中一些教材初版未必达到了我们的出版目标和期望，我们将不断听取使用学校师生们的意见，认真修订与完善，使之达到我们预期的目标，成为大家喜爱的系列教材。

黄宗贤

2005年8月于锦江河畔

目录

MULU

第一章　工业产品制图的基本知识及技能

　　产品制图是产品设计和造型方向的学生必修的技术基础课程之一，内容的侧重点在于怎样绘制和理解产品图样以及掌握其中的基本理论规则。因为产品图样是生产中制造零件和装配机器的重要依据，每当有新的产品需要试制、新的技术需要推广检验、为旧产品作改良设计时，必须首先绘制出产品图样。每一位学习产品设计专业的同学都必须具有良好的读图和制图的能力，如果连最基本的产品制图都不能看懂，那么就是一个活脱脱的"技术文盲"。

　　产品图样首先被设计者用来表达设计意图，接着再传递到制造者的手中被用以辅助制造，最后在使用者手中还能够作为使用说明和维修设备的基础图样。本章将重点介绍制图的国家标准及其有关知识，这是产品图样绘制与使用的准绳，要求同学们必须学会严格遵守国家标准制图的相关规定，并且逐步形成随时查阅国家标准的习惯。

一、产品制图国家标准及简介

　　这里所说的标准，是指在一定的范围内获得最佳秩序，对活动或者其结果规定共同的和重复使用的规则、导则或者特性的文件，该文件经协商一致制定并经一个公认机构的批准。我国的国家标准通过审查后，需由国务院标准化行政管理部门——国家质量监督检查检疫总局、国家标准化管理委员会审批、给定标准编号并批准发布。

　　标准化是指为适应科学技术发展和合理组织生产的需要，在产品质量、品种规格、零件部件通用等方面规定统一的技术标准。标准化包括制定、发布、及实施标准的过程。标准化的基本原理：统一、简化、协调、优化。

　　我国产品制图采用统一的技术制图标准，代号GB。"GB/T"是推荐性国家标准的代号，它是汉语拼音"GUOJIABIAOZHUN/TUIJIANXING"的缩写，以下均简称为"国标"，很多国标一经采用便延续多年不变。如：《GB/T15751-1995 技术制图 图纸幅面和格式》和《GB/T4457.4—2002技术制图 图纸幅面和格式》，内容都是一样的，"T"代表推荐性标准，"15751"和"4457.4"代表发布顺序号，"1995"和"2002"代表颁布年号。在这里需特别注意的是"T"表示推荐性标准，当无"T"出现时则表示强制性标准。

　　本章介绍产品制图标准中关于图纸、标题栏、比例、字体、图线及尺寸标注等基本规定。

（一）图纸大小及格式（摘自GB/T 14689-93）

1. 图纸的幅面

当绘制产品图样时，应优先采纳国标中规定的基本幅面，这些幅面的大小归纳起来一共有6种，以

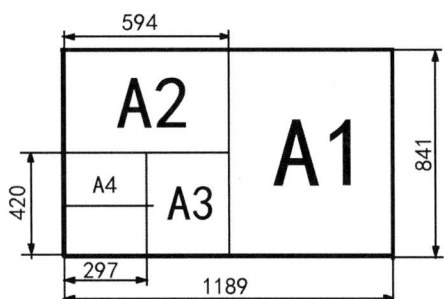

图1-1

画幅代号	A0	A1	A2	A3	A4
B×L	841×1189	594×841	420×594	297×420	210×297
e	20		10		
c	10		5		
a	25				

注：表中的a、c、e为留边宽度，"B×L"表示图纸的"宽×长"，单位为mm。

图1-2

字母开头，后跟0、1、2、3、4、5为代号，各图纸幅面之间的关系如图1-1所示，画图时选用图1-2所示的标准幅面大小。必要时，也可选用国标中所规定的加长幅面。

2. 图框的设置

（1）图框必须用粗线绘制。

（2）图框分为留装订边的格式（图1-3）与不留装订边的格式（图1-4）两种。

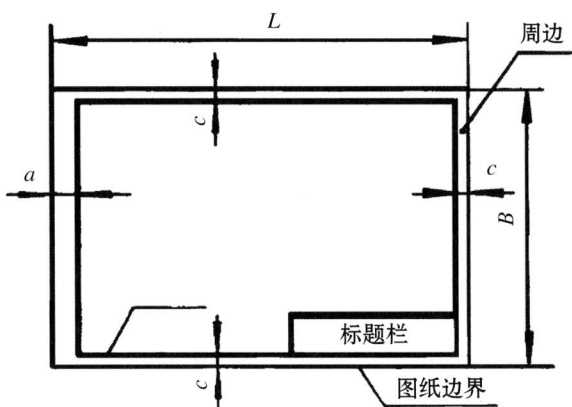

图1-3

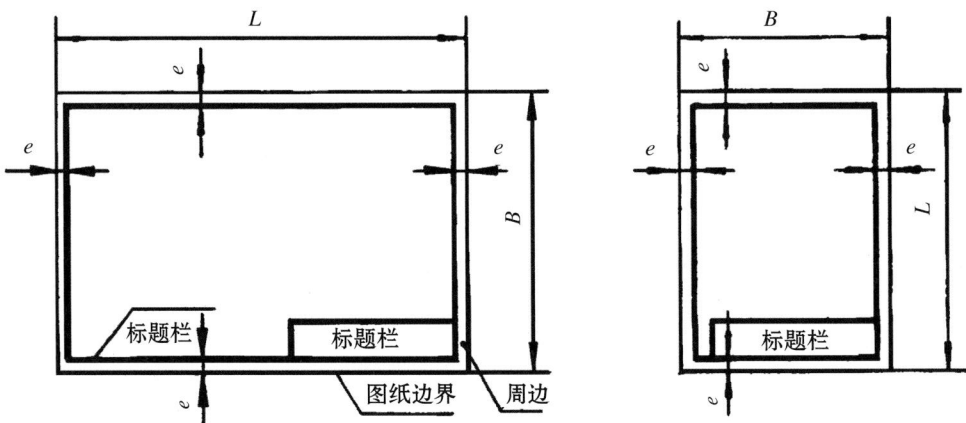

图1-4

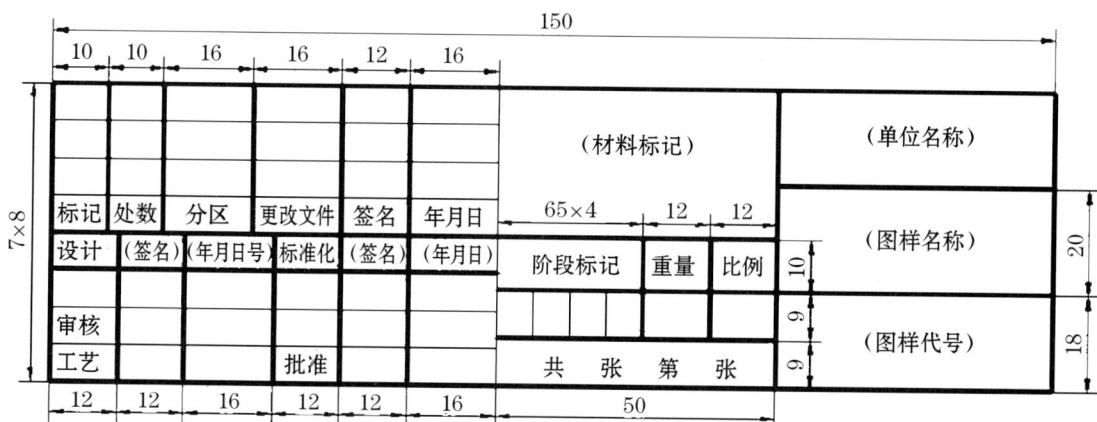

图1-5

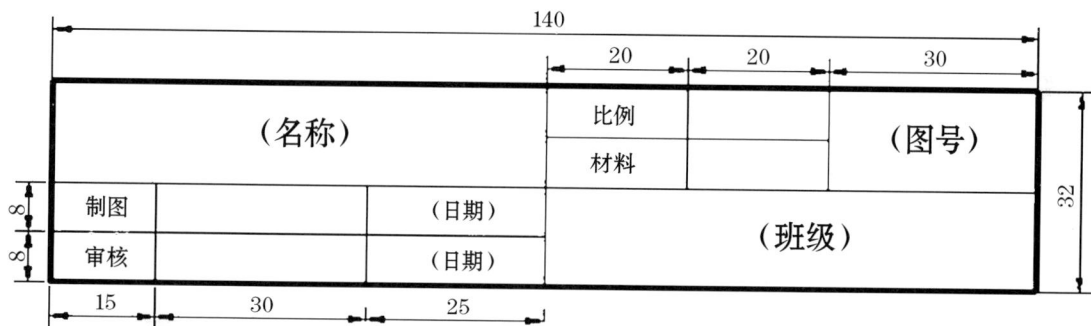

图1-6

（二）标题栏（摘自GB/1069.1-89）

在每张图纸中都必须注明标题栏，标题栏的位置应位于图纸的右下角，标题栏的外框为粗实线，内格为细实线。一般情况标题栏的尺寸不随图纸大小、格式变化。国标生产中标题栏格式如图1-5所示，制图作业中简用标题栏格式如图1-6所示。

（三）比例（摘自GB/T14690—1993）

我们在绘制产品图样时，最希望得到的效果是所画的图形与表示的产品实际大小一致，但是这种情况在实际绘图中往往难以实现，在很多时候产品及其部件的大小不是大于标准幅面很多（例如大型的机床、交通工具）就是小于标准幅面很多（例如精密仪器的表盘、电子摄像头），如果按照1:1的比例绘制就会使图样模糊，为了保证识图顺畅，我们应当学会根据不同的幅面条件灵活自如地选择产品的缩放比例。

比例是指图样中产品要素的线性尺寸与实际产品相应要素的线性尺寸之比，其缩放公式为：比例=图样大小：实际大小，代号为"M"。在每一张图中都必须注明产品比例，写在标题栏中的"比例"项内，注意在选择比例的时候应在国标规定的范围内选取，如图1-7所示。在同一幅面中若某个产品的局部视图所用的比例与标题栏中的比例不符，应当在该图形的上方注明。比例又分为原值比例（比值=1）、放大比例（比值≧1）、缩小比例（比值≦1）三种，图1-8为不同比例的产品部件。

3

标准比例系列

种类	优先选用比例	允许选用比例
原值比例	1:1	
放大比例	2:1　5:1 $1 \times 10^n:1$　$2 \times 10^n:1$　$5 \times 10^n:1$	1.5:1　2.5:1　3:1　4:1　6:1 $1.5 \times 10^n:1$　$2.5 \times 10^n:1$　$4 \times 10^n:1$　$3 \times 10^n:1$　$6 \times 10^n:1$
缩小比例	1:2　1:5　1:10 $1:2 \times 10^n$　$1:5 \times 10^n$　$1:1 \times 10^n$	1:1.5　1:2.5　1:3　1:4　1:6 $1:1.5 \times 10^n$　$1:2.5 \times 10^n$　$1:3 \times 10^n$　$1:4 \times 10^n$　$1:6 \times 10^n$

注：n为正整数。

图1-7

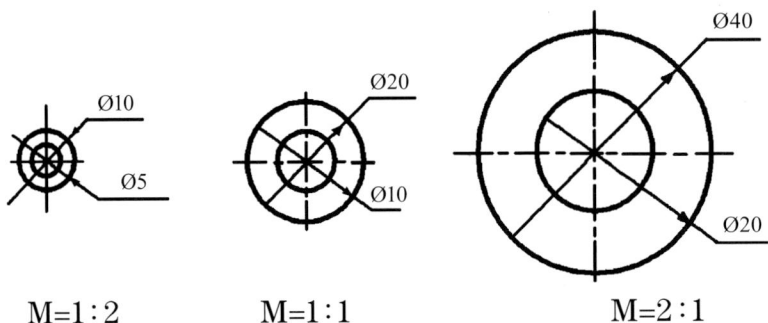

M=1:2　　　M=1:1　　　M=2:1

图1-8

（四）字体（摘自GB/T14691—1993）

产品图样中书写的所有字体务必做到字体工整、笔画清楚、间隔均匀、排列整齐。这样要求的目的是使文字便于识读及交流，给生产和科研带来便利。这里的字号以字体的高度来区分，代号h，单位mm，常用的有1.8mm、2.5mm、3.5mm、5mm、7mm、10mm、14mm、20mm等几种字号。字体的宽度一般为字体高度的三分之二，相邻两个字号之间的公比系数为$\sqrt{2}$，如果需要书写更大的字体，可以按此比率增大。

1. 拉丁字母和数字的书写要求

在产品制图中的拉丁字母和数字常采用斜体，斜体的字头向右倾斜，与水平基线呈75°角。拉丁字母大小写示例如图1-9所示，阿拉伯数字与罗马数字示例如图1-10所示。

ABCDEFGHIJKLMNOP
abcdefghijklmnpoq

图1-9

0123456789
I II III IV V VI VII VIII IX X
i ii iii iv v vi vii viii ix x

图1-10

2. 汉字的书写要求

产品制图中的汉字应采用中华人民共和国国务院正式公布推行的《汉字简化方案》中规定的简化字，字体应写成长仿宋字体，因为长仿宋字具有笔画整齐匀称、字迹挺秀美观的特点，在运笔的过程中做到起笔有峰、落笔稍重、直如悬垂、横宜平正。汉

10号字	字体工整　笔画清楚　间隔均匀　排列整齐
7号字	横平竖直　注意起落　结构均匀　填满方格
5号字	技术制图　机械电子　汽车船舶　土木建筑
3.5号字	螺纹齿轮　航空工业　施工排水　供暖通风　矿山港口

图1-11

字高度一般不小于3.5mm以便于识别，另外，指数、分数、极限偏差、注脚的数字及字母，一般采用小一号字体。图1-11为长仿宋字体书写示例。

（五）图线的基本要求和画法（摘自GB/T4457.4-002）

在产品制图中各种图形是用粗细和样式不同的图线画成，在繁琐的产品图样中粗细变化的直线能够区别产品的重要部分与次要部分，从而有效地抵抗人的视觉疲劳。不同的图线在图样中代表着不同的含义，绘制产品图样时，应采用国标中规定的图线样式，比较常用的基本图线及其应用如图1-12所示。

图线名称	图线形式	图线宽度	应用举例
粗实线	——	粗	可见轮廓线等
细虚线	- - -	细	不可见轮廓线等
细实线	——	细	尺寸线、尺寸界线、剖面线、指引线、重合断面轮廓线、过渡线等
细点画线	-·-·-	细	轨线、对称中心线、轨迹线等
波振线	～～	细	断裂处分界线、视图与剖视的分界线等
双折线	～/～	细	断裂处分界线、视图与剖视的分界线等
细双点画线	-··-··	细	相邻辅助零件的轮廓线、极限位置的轮廓线等
粗点画线	—·—·	粗	限定范围表示线
粗虚线	▬ ▬ ▬	粗	允许表面处理的表示线

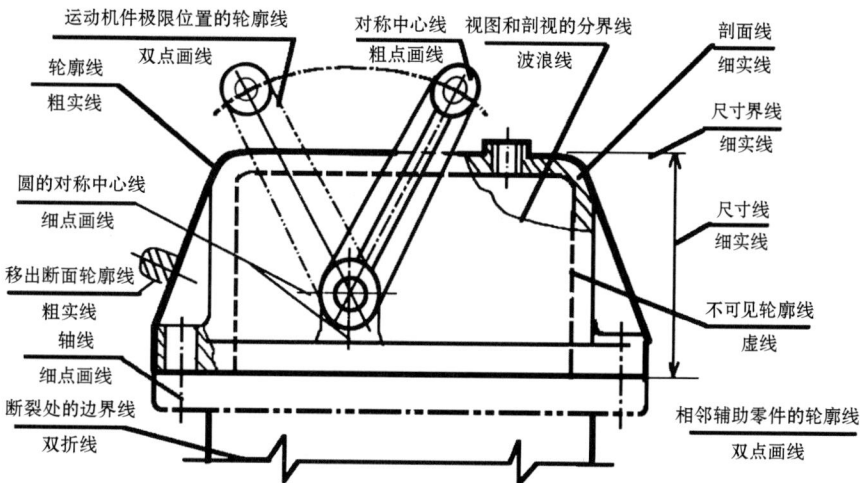

图1-12

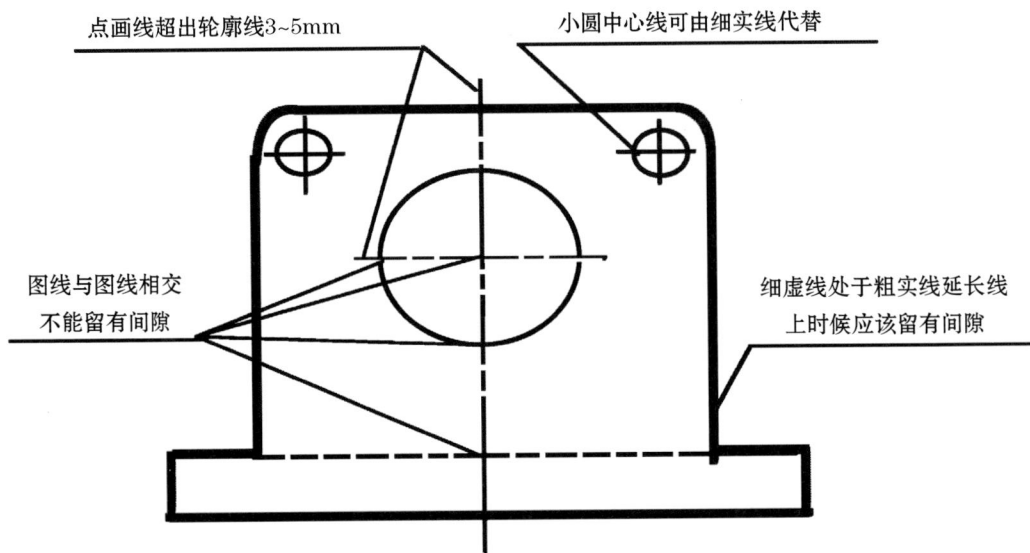

点画线超出轮廓线3~5mm　　　　　　　小圆中心线可由细实线代替

图线与图线相交
不能留有间隙

细虚线处于粗实线延长线
上时候应该留有间隙

图1-13

另有以下几点注意事项:

1. 在同一图样上,同类图线宽度应一致。

2. 当图线与图线相交时,应该是线与线相交,交点呈"十"字形,不能留有间隙。只有当细虚线处于粗实线的延长线上时,为表明可见与不可见轮廓的界线才留出间隙。

3. 画圆时,中心线超出轮廓线3mm~5mm。绘制圆的中心线时,圆心应为线段的交点,在较小的图形上绘制点画线或双点画线有困难时,可用细实线代替。例如当圆太小时,可用细实线代替点画线。

以上注意事项如图1-13所示。

(六)尺寸标注的基本规范(摘自GB/T4458.4-2003、GB/T15751-1995)

在图样中,图形只是代表产品的形状,而产品的真实大小应该以尺寸数据精确地表示出来,尺寸标注是工业生产中零部件加工和装配的直接依据。在标注产品尺寸的时候必须严格按照国标的规定,做到正确、完整、清晰、合理。

1. 基本规则

(1)在图样中(包括技术要求和其它说明文件中)的尺寸均以"mm"作为单位,不需另外注明。如果采用其它单位,则必须注明相应的计量单位的代号或名称。

(2)所注尺寸的数值应是物体的真实大小,与图形的比例和准确度无关。

(3)所注尺寸应为产品的最后完工尺寸,如果不是,则应另加说明。产品中的每一尺寸一般只标注一次,并标注在结构最清晰的图形上。

2. 尺寸的组成

完整的产品尺寸应该包尺寸界线、尺寸线、尺寸线终端和尺寸数字四个要素（图1-14）。

（1）尺寸界线用来限定所注尺寸的范围, 用细实线描绘画尺寸界线时应注意以下几点：

①尺寸界线通常由轮廓线、中心线或轴线引出, 也可以用轮廓线、中心线或轴线作为尺寸界线。

②尺寸界线应当超出尺寸线2mm~5mm以便于读图, 请参看图1-14中的尺寸界线。

③尺寸界线一般与尺寸线垂直, 但是当被标注的直线两端不容易清楚地引出垂线的时候, 可以倾斜尺寸界线, 但是两端的尺寸界线应当保持平行（图1-15）。

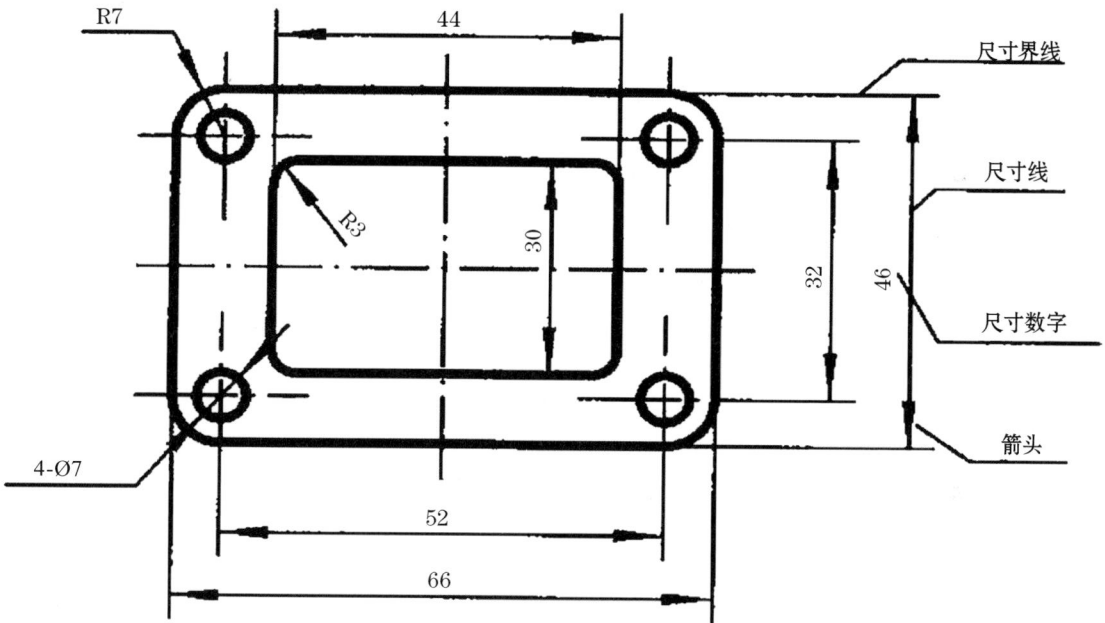

图1-14

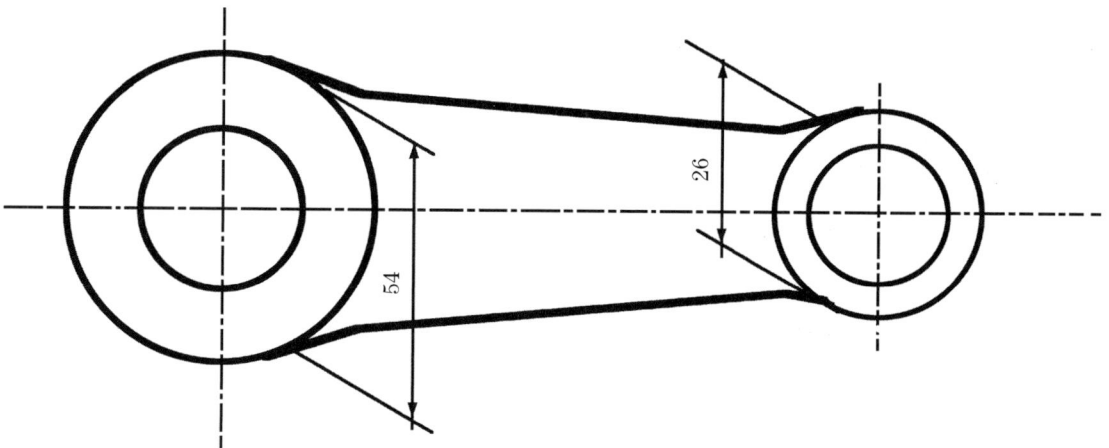

图1-15

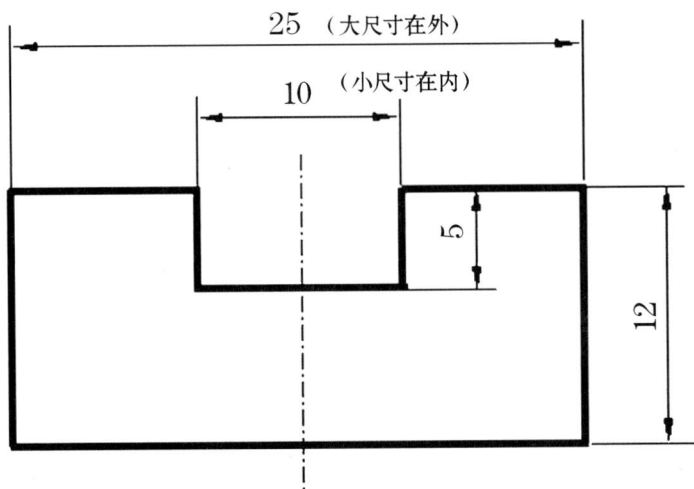

图1-16

（2）尺寸线用来表示尺寸的度量方向，一般都用细实线画出，不能与其它图线重合或在其延长线上，也不能用产品的其他图线来代替。画尺寸线时应注意以下几点：

①相互平行的尺寸线，小尺寸应被画在更靠近轮廓线的内侧，而大尺寸在外侧，平行距离一般为5mm~7mm，如图1-16所示。

②标注直线尺寸时，尺寸线必须与所标注的线段平行。

（3）尺寸的起止用箭头表示。画箭头时应注意以下几点：

①在同一图样上箭头的大小应该尽量保持一致。

②箭头一定要与尺寸界线相接触，与尺寸界线之间不能留有空隙，同时不能越出尺界线。

③一般只采用一种箭头形式，不得混用。

④当采用箭头时，若位置不够，可以省去中间的箭头而用圆点或斜线来代表箭头，如图1-17所示。

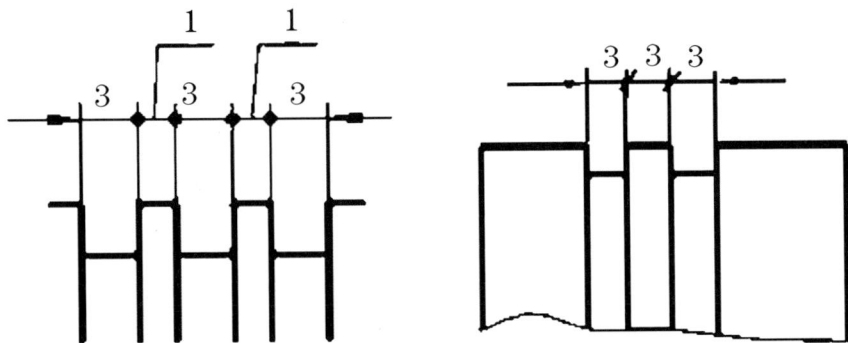

图1-17

(4)尺寸数字用来表示产品的实际大小。标注尺寸数字时应注意以下几点：

①尺寸数字的位置应该写在尺寸线的上方或尺寸线的中间，如图1-18所示。

②尺寸数字应当顺着尺寸线的方向书写，数字与尺寸线垂直。

③如果尺寸线倾斜，数字应当跟随尺寸线以同样的角度倾斜，并避免在图示的30°范围内标注尺寸，如果无法避免时可以按照如图1-19的方法标注。

④当遇到很小的尺寸线无法填充箭头或数字时，可将箭头放在外面，数字填在中间或外面，如图1-20所示。

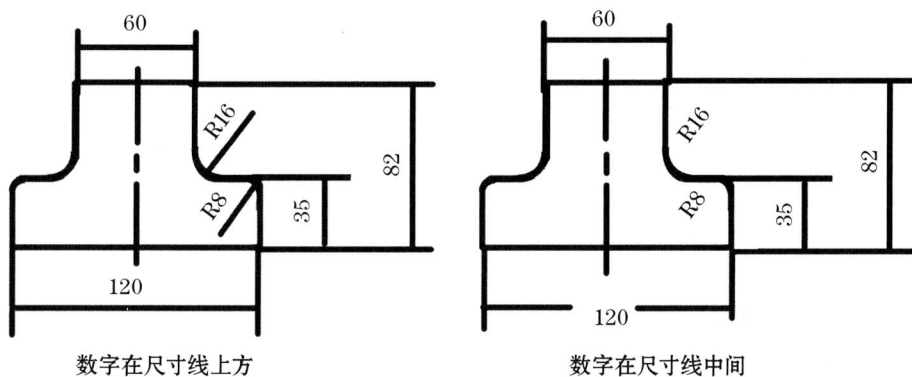

数字在尺寸线上方　　　　　　　　　　数字在尺寸线中间

图1-18

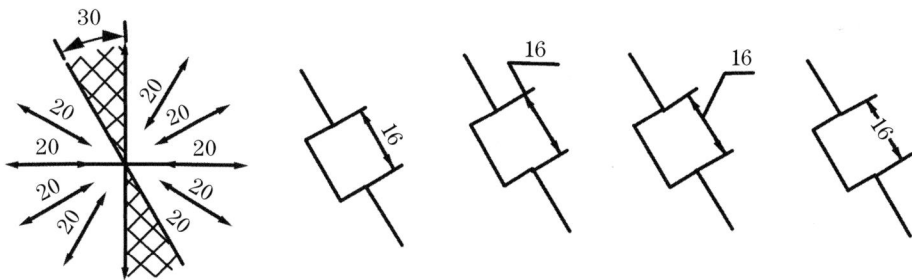

图1-19

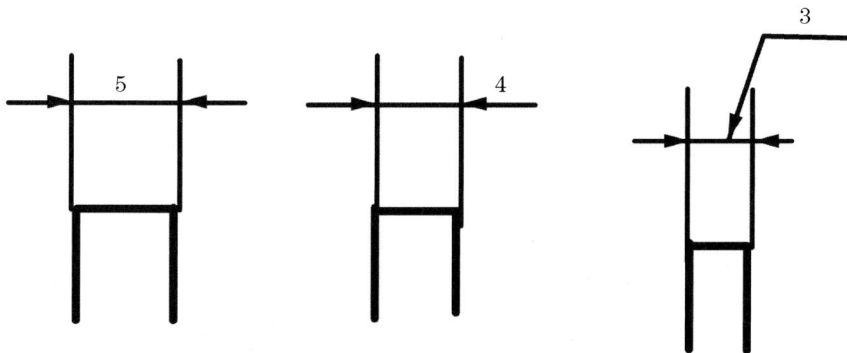

图1-20

⑤尺寸线不能穿过数字, 必须在注写尺寸数字处将所有的图线都断开, 如图1-21所示。

3. 尺寸标注中的注意事项

（1）标注角度的注意事项:

①角度的尺寸界线必须沿径向引出。

②角度的数字一律水平填写。

③角度的数字应写在尺寸线的中断处, 必要时允许写在外面, 或引出标注。

以上要点如图1-22所示。

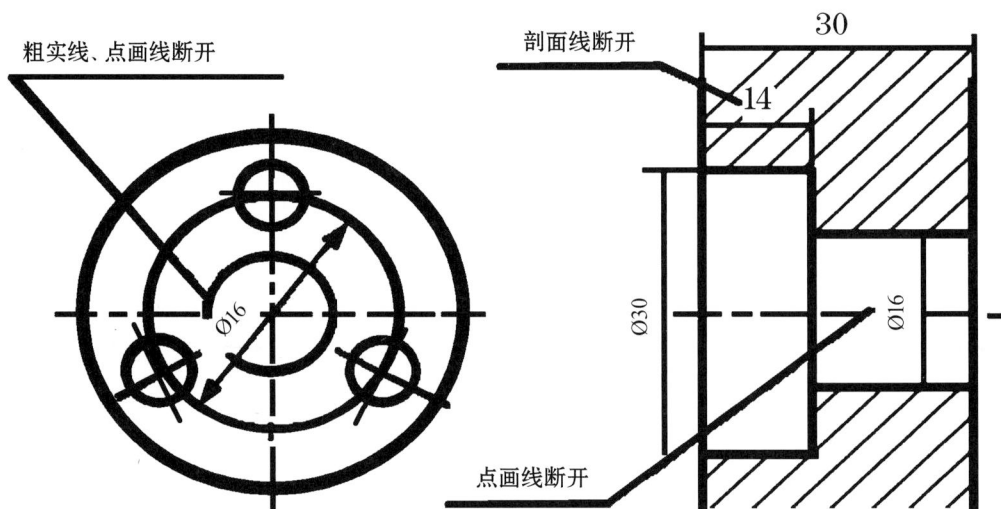

图1-21

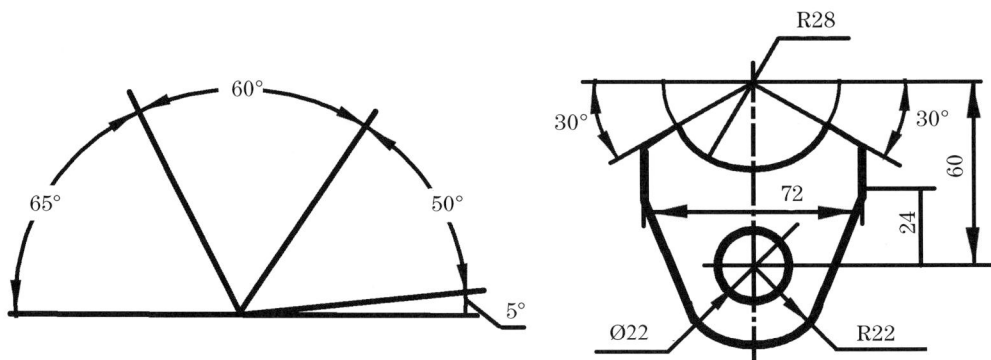

图1-22

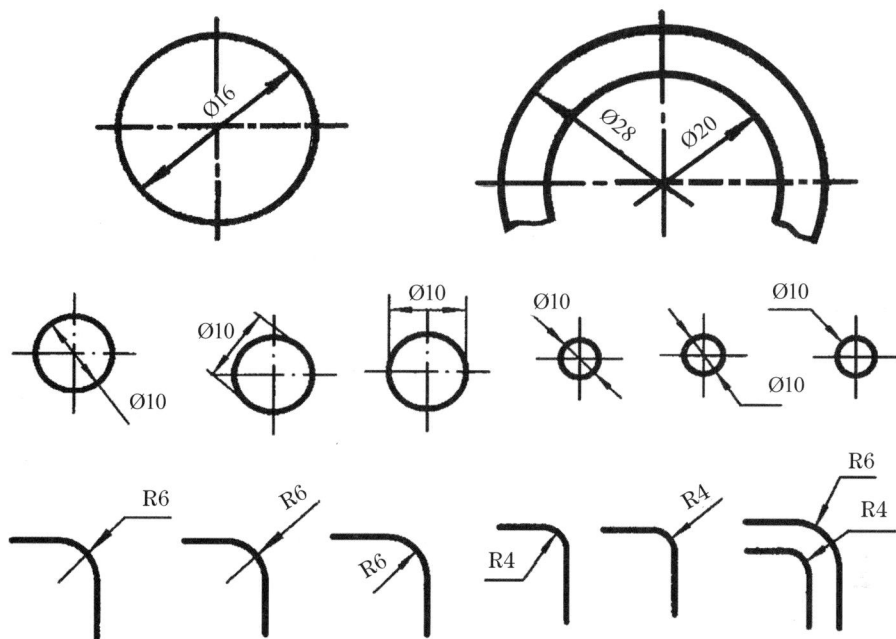

图1-23

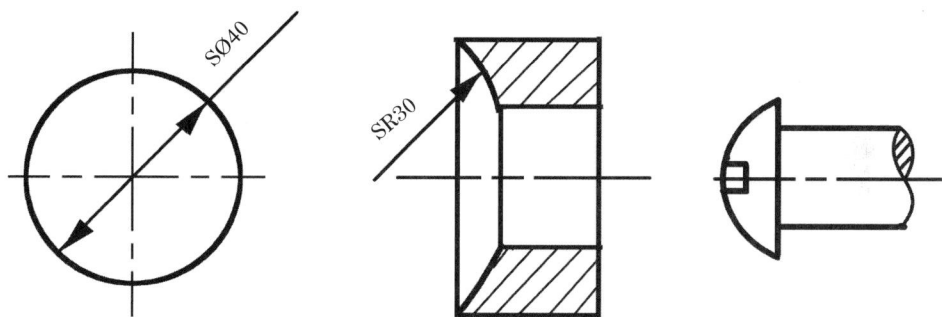

图1-24

（2）标注圆及圆弧的注意事项：

①标注完整的圆或大于180°的圆弧时，应标注直径符号；圆弧小于或等于180°时，应标注半径符号。

②标注直径尺寸时，应在尺寸数字前加注直径符号"Ø"，标注半径时，加注半径符号"R"。

③圆的直径和圆弧半径的尺寸线终端应画成箭头。

④直径的尺寸线应通过圆心但不能中心线重合。

⑤当圆的直径很小时，可以将箭头和尺寸数字注在外面或引出标注。

以上要点如图1-23所示。

（3）球面直径、半径标注的注意事项：在标注球面直径、半径时，应在Ø或R前面加注符号"S"或"球"，对于螺钉、铆钉的头部等，在不致于引起误解时可省略符号S（图1-24）。

二、绘图工具的使用技巧

(一)图板和丁字尺

1. 图板表面要光滑平整，左侧为导边，必须平直。在工作中应当注意避免使其受潮、受热以及遭受磕碰。

2. 丁字尺由尺身和尺头组成。使用时将尺头内侧紧靠图板导边，左手上下推动，右手画水平线(图1-25)。

(二)三角板

三角板主要与丁字尺配合使用，画铅垂线和与水平方向成15°倍数的角度线，以及它们的平行线。一般来说，一套三角板由两块组成，每块各有一直角，其余两角各为45°，或一角为60°，一角为30°。将三角板和丁字尺配合使用，可画出90°直线和30°、60°、45°斜线，两块三角板配合使用还可画出15°、75°等斜线或平行线(图1-26)。

紧贴图板，上下移动

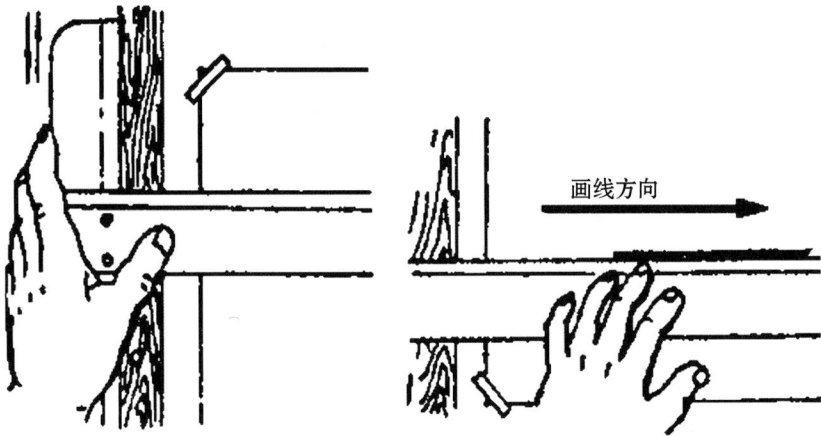

图1-25

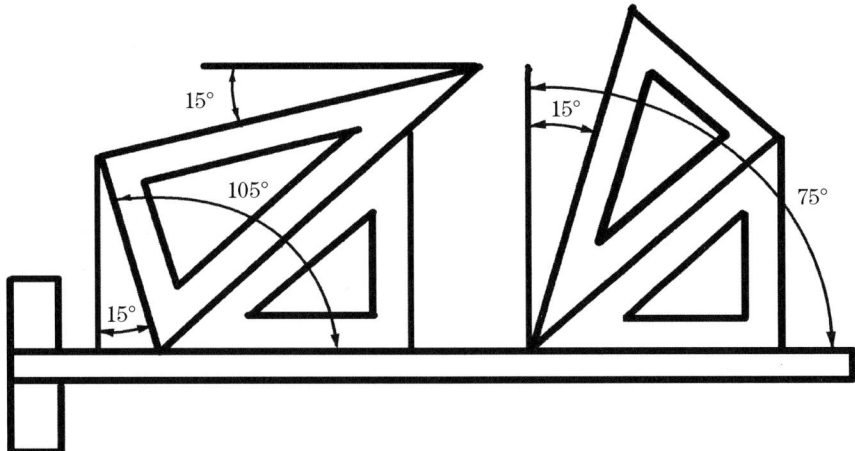

图1-26

（三）圆规和分规

1. 圆规。圆规用来画圆或圆弧。画圆时，注意钢针针脚应与图纸纸面保持垂直。 画图与描深时，圆规的笔芯应粗细不同。基本画法如图1-27所示。

2. 分规。分规用以截取或等分线段（图1-28）。

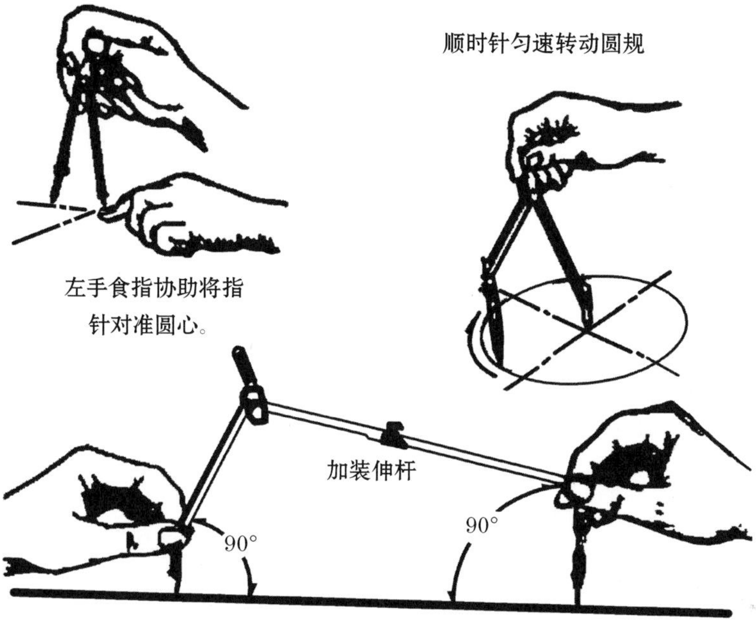

图1-27

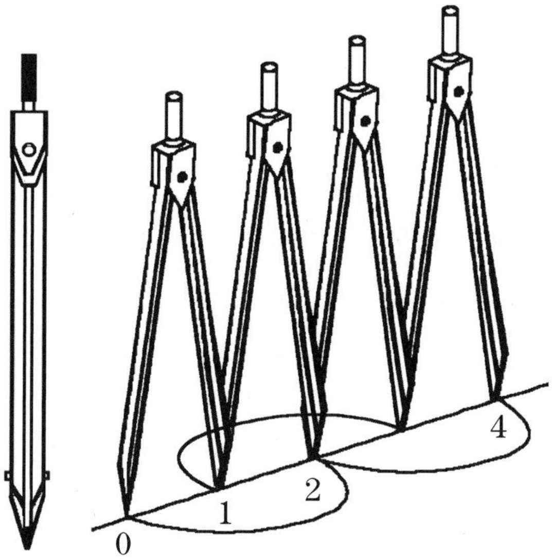

图1-28

（四）曲线板

在产品制图中，我们需要利用曲线板用来描绘非圆曲线。对于一条曲线来讲，它上面的点都各自具有不同的曲率半径，所以当用曲线板画曲线的时候，应该把一条较长的曲线分为几段，每段曲线中至少有4个点与曲线板上的某段曲线吻合。通过这种逐段靠着曲线板的画法，使每段已经画成的曲线与其左右相邻的曲线都有一小段重合部分，我们即可得到各种形态的复杂曲线（图1-29）。

（五）比例尺

比例尺是表示图上距离与它所表示的实际距离的比。常见的比例尺工具为三棱尺，它的三个尺面分别刻有6种不同的比例尺度，如1∶100、1∶200、……1∶600等。使用比例尺时，直接按照尺面上的数值截出线段的长度，该线段的长度即代表按照比例缩小或放大的真实的长度（图1-30）。

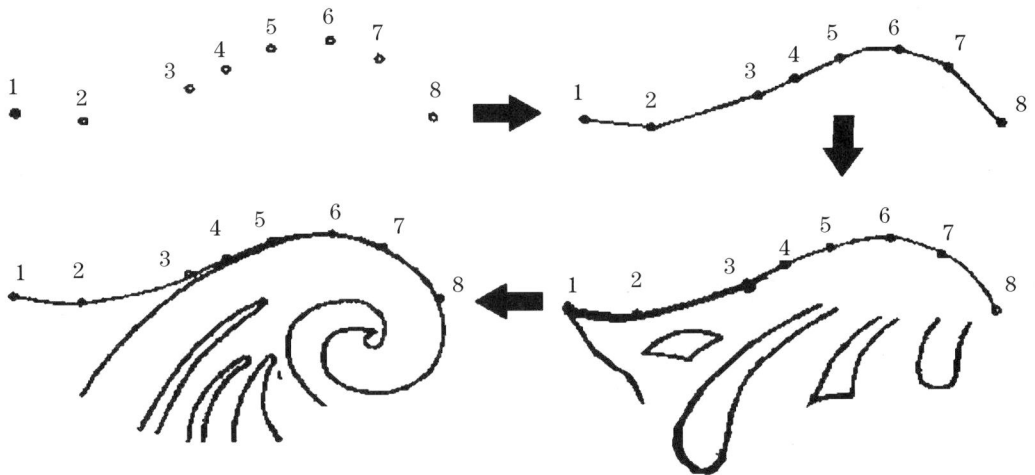

图1-29

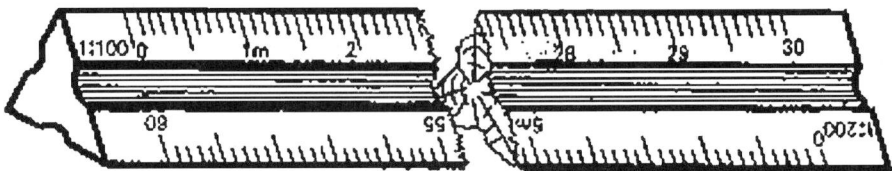

三棱尺

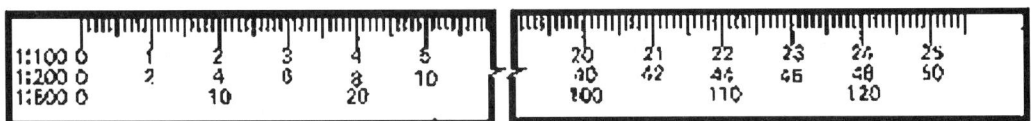

比例尺

图1-30

综合练习与思考

1.在练习纸上书写出长仿宋字、阿拉伯数字、汉语拼音字母及希腊字母。

2.比较图1-31中A方案和B方案的哪种标注方法更加合适，并说明原因。

3.指出图1-32、图1-33、图1-34中①②③④……各处的错误是什么。

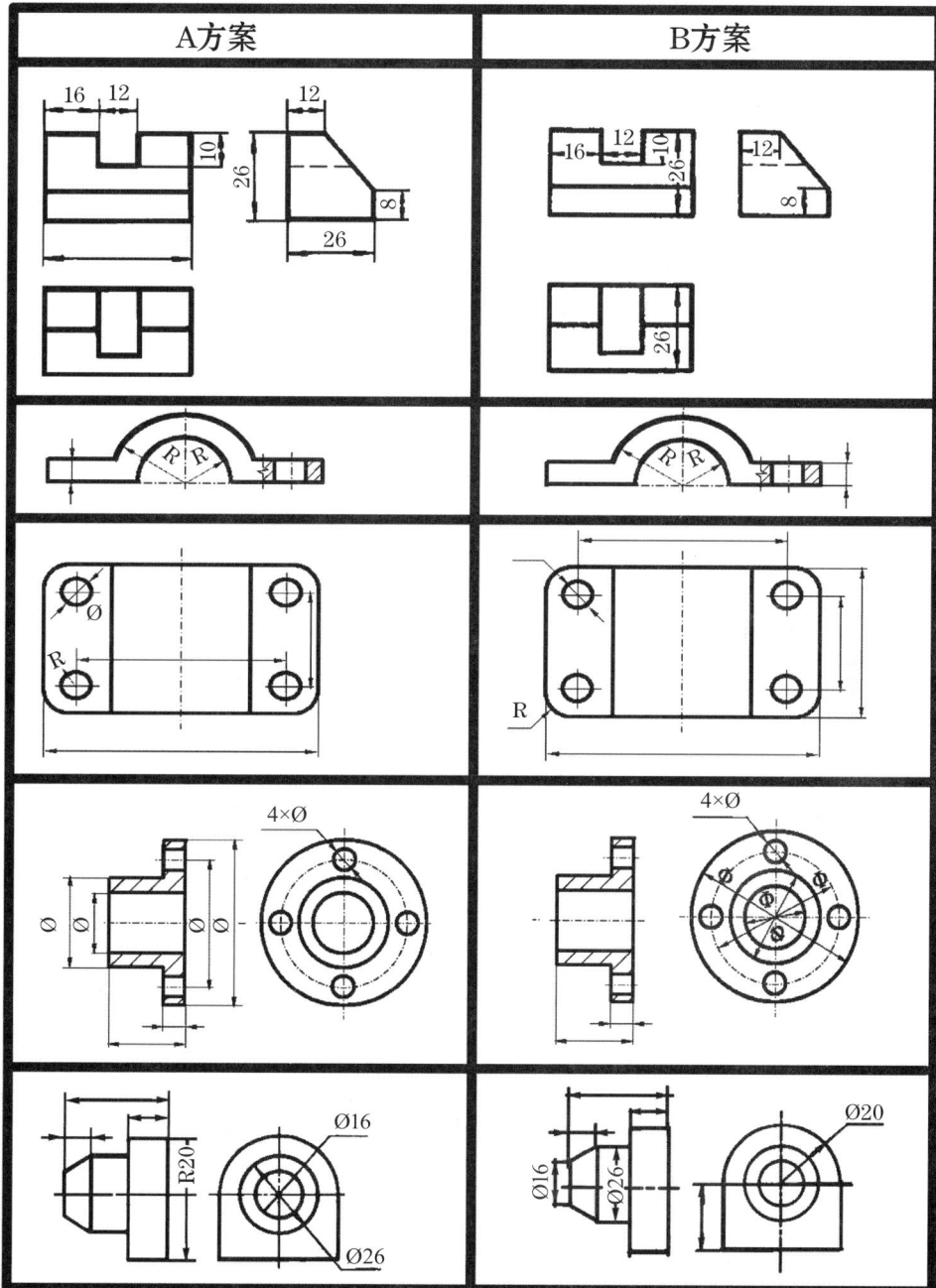

图1-31

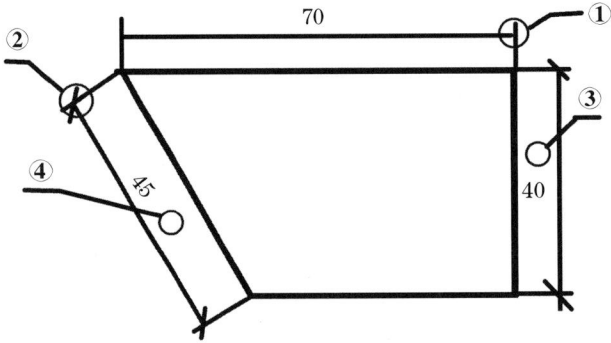

图1-32

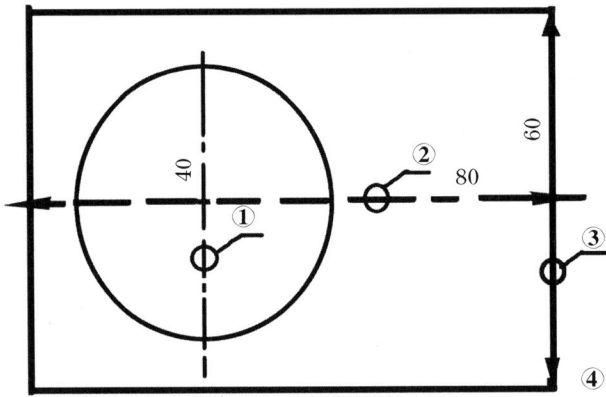

图1-33

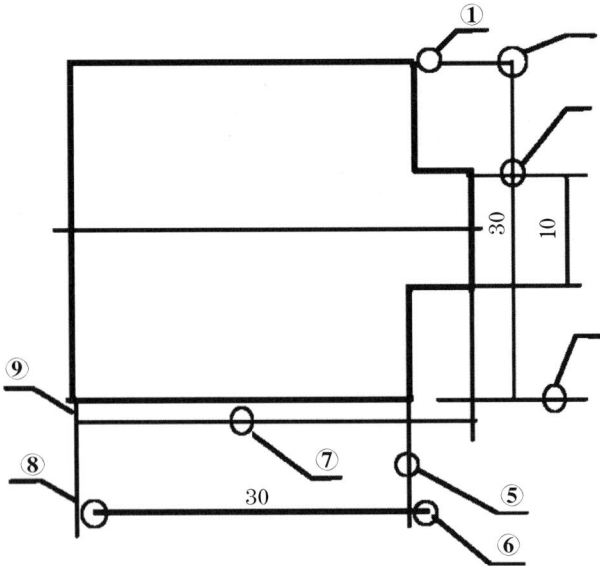

图1-34

第二章　投影的基础概念

一、投影的概念

产品设计要求样图能够真实的反映出零部件或产品的形状、大小和相对关系。采用美术画图的手法是不能达到要求的，必须利用正投影的原理和制图的标准来画出图样。为了学会看图和制图的方法，我们必须首先掌握正投影的基本理论。

这里所说的投影，指物体在光线的照射下向选定的面投射，并在选定的面上产生的影子。在这个过程中，得到物体投影的面称为投影面，所有射线的交点（起源点）称为投射中心。如果对应分析即可得到：太阳（投射中心）——阳光（投射线）——物体（物体）——地面（投影面）——影子（投影）。如图2-1所示。

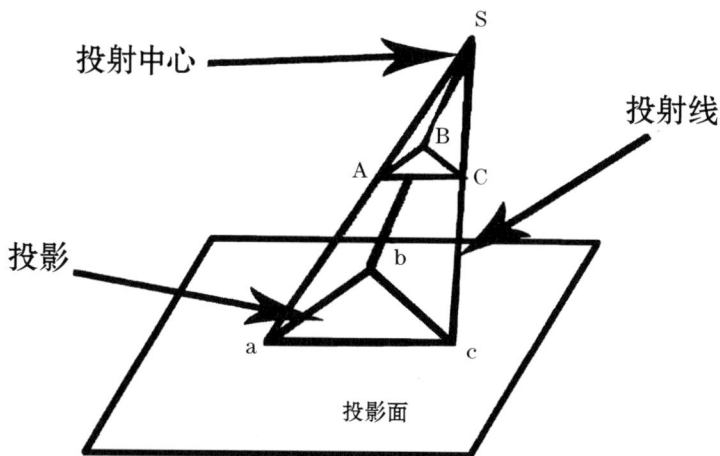

图2-1

二、投影法与投影法的分类

射线通过物体，向选定的面投影，并在该投影面上得到图形的过程叫做投影法。投影法可分为两类：中心投影法与平行投影法。

（一）中心投影法

中心投影法指的是投射线由一点（投射中心）发出。例如太阳对万物的照射，夜晚打手电筒，照相机拍摄的物像照片，以及自然界中各种生物的眼睛所见的图像，都由中心投影法产生。

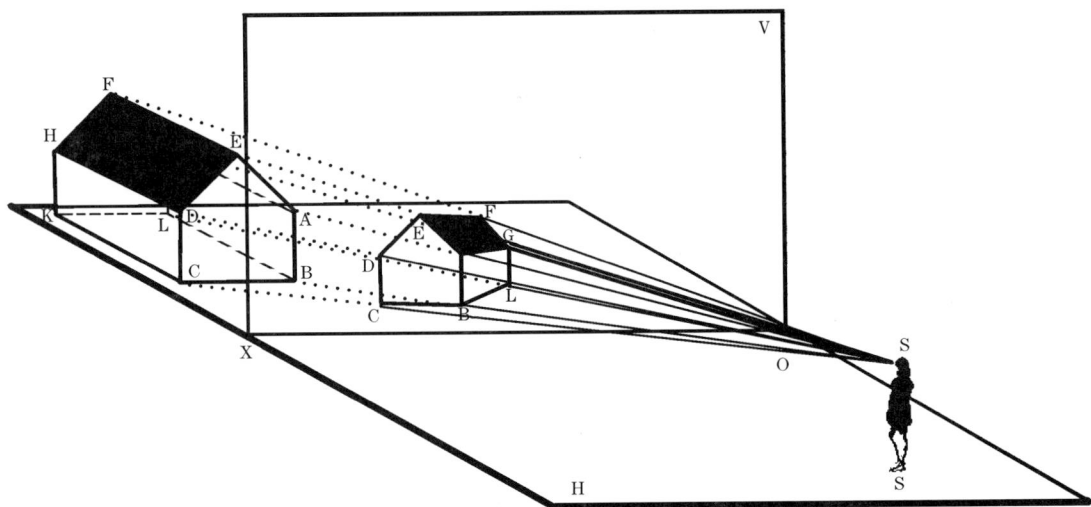

图2-2

从图2-2可以看出，由中心投影法得到的投影都会或多或少的将物体放大或缩小，因此我们又把由中心投影法得到的投影视图称做透视图。由于透视图不能反映产品的真实大小，且作图复杂，度量性较差，所以通常不用于产品制图中，而多用于建筑效果图的表现。

（二）平行投影法

假设将投射中心移动到移动到无限远处，则投影线都是相互平行的，通过这种投射方式在投影面上得到投影的方法称为平行投影法。

平行投影法又分为正投影法与斜投影法，投射方向垂直于投影面的为正投影法，所得的投影称为正投影；投射方向倾斜于投影面的为斜投影法，所得的投影称为斜投影。

由于正投影法作图简便，且能够有效地表现产品的形状与大小，因此在产品制图中被广泛地应用，按照制图的一般习惯，如无特别说明，本书在后面提到的"投影"都是指"正投影"。

正投影与斜投影，如图2-3所示。

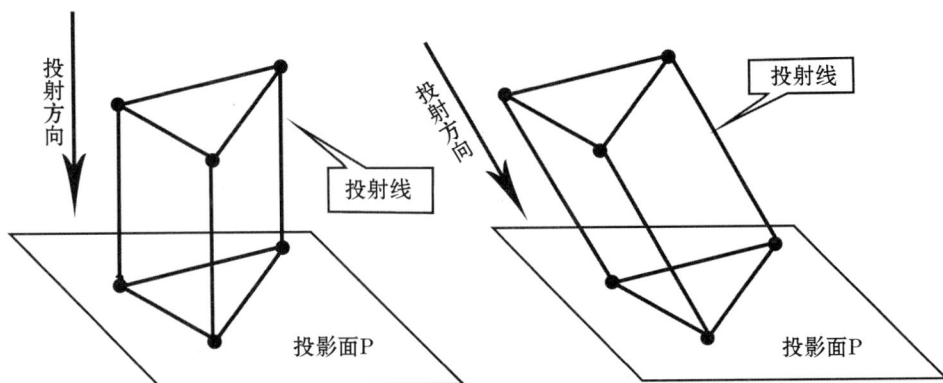

图2-3

在平行投影中需要注意以下三点：

1. 客观性。当平面图形（或直线段）与投影面平行的时候，投影反映出物体的真实长度和大小，如图2-4所示。

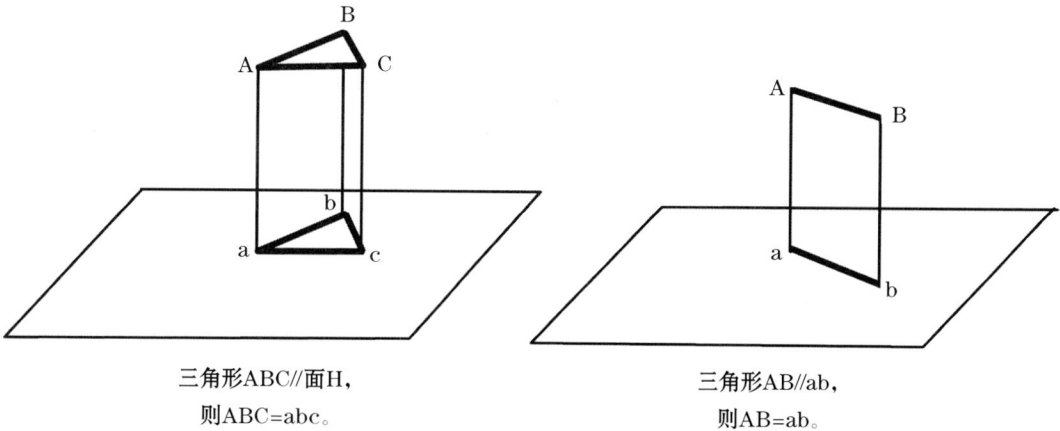

三角形ABC//面H，
则ABC=abc。

三角形AB//ab，
则AB=ab。

图2-4

2. 积聚性。当直线或平面与投影面垂直时，其投影分别在投影面上积聚为一个点或一条直线，如图2-5所示。

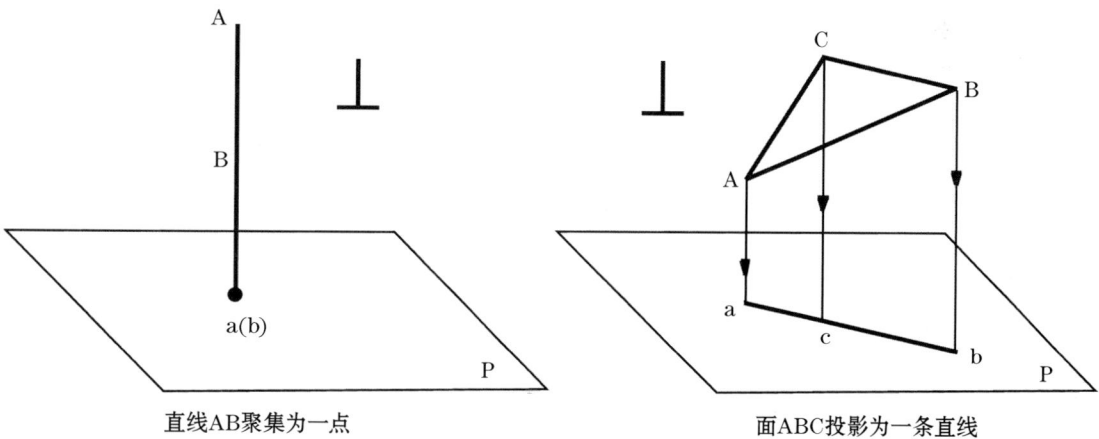

直线AB聚集为一点

面ABC投影为一条直线

图2-5

3. 类似性。当被投影的平面图形（或直线段）与投影面不平行的时候，投影会变小或变短，但是投影的形状与实际表达物体的形状仍然相似，即直线的投影仍为直线、平面的投影仍为直线，多边形的投影仍为相同边数的多边形等，如图2-6所示。

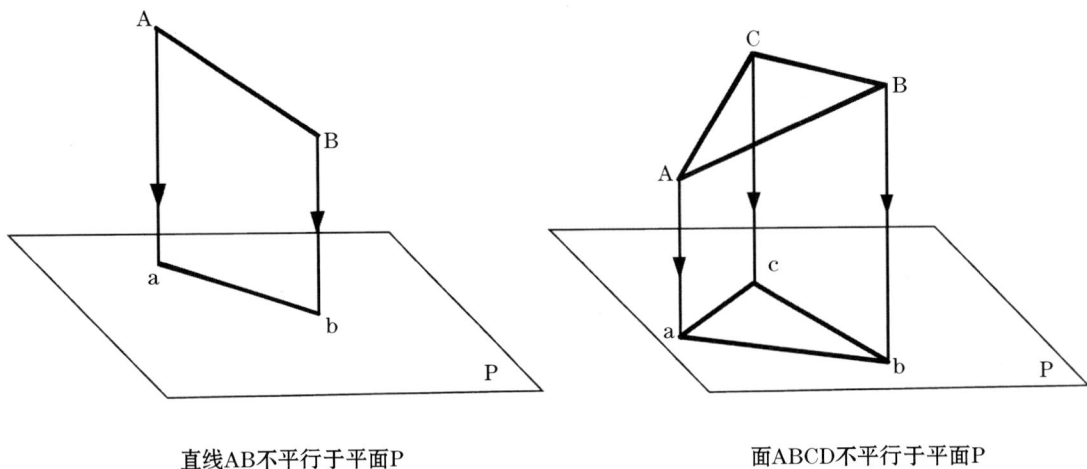

直线AB不平行于平面P　　　　　　　　面ABCD不平行于平面P

图2-6

三、多面投影在产品制图中的必要性

任何物体都有自己独特的造型,不同的产品具有不同的形态,它们在空间中占有一定的位置,并具有长、宽、高三个方向的尺寸。当空间中形体和投影平面的位置以及投影的方向确定后,仅凭一个面的投影是不能反映出该物体的形状、大小、位置的,因为一个投影可能反映出不同的形状,如图2-7所示。

这时有些同学会问,既然一个面的投影不能准确地反映实物,那么两个面的投影能否反映唯一确定的物象呢?答案是否定的。当我们知道了两个面的投影时,依然不能够确定唯一的产品形态,如图2-8所示。

那么到底需要几个视图才能确立我们的产品形态呢?在产品制图中至少需要两个以上视图的投影才能将唯一的产品形态确定下来,这就是产品制图时需要绘制多面投影的原因。

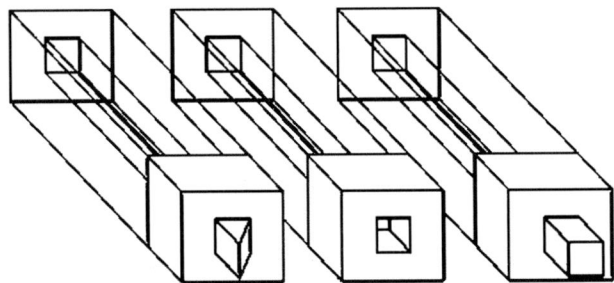

图2-7

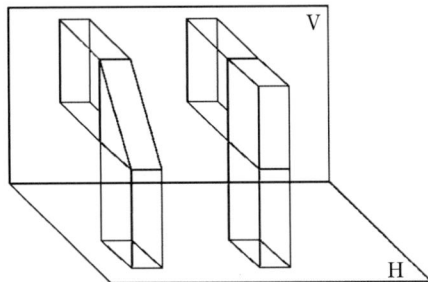

图2-8

四、三个投影面的设立

前面我们已经讨论过，在产品制图中如果要将一款产品的形态特征确定下来，必须要有两个以上的的投影视图，为了提高工作的效率，在产品制图中我们一般采用三面投影体系，以下简称为三视图。

（一）三视图的形成关系

三视图能够准确地反映物体的长、宽、高的形状及位置，一般情况下，我们取相互垂直的的三个投影面来构成三面投影体系，基本概念如下：

1. 主视图（正视图）：从产品的前面向后投影，简称正面，又叫做V面投影。

2. 俯视图：从产品的上面向下投影，简称水平面，又叫做H面投影。

3. 左视图：从产品的左面向右投影，简称侧面，又叫做W面投影。

主、俯、左三个视图的相互关系如图2-9所示。

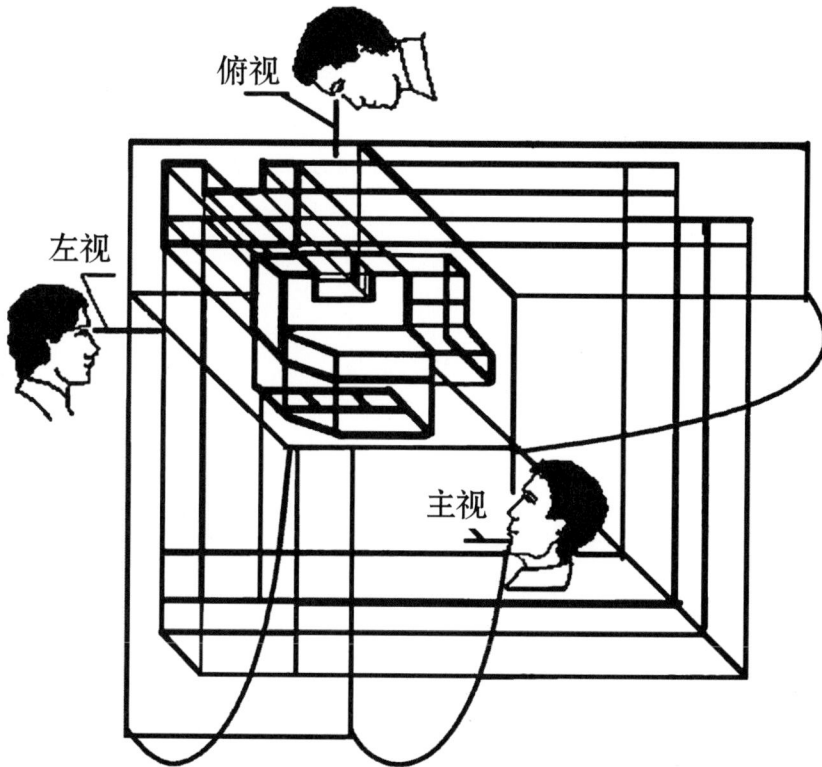

图2-9

三个投影面的交点称为原点O。投影面与投影面之间的交线叫做投影轴，V面与H面的交线是OX、W面与H面的交线是OY、W面与V面的交线是OZ。在实际作图中，一般是将三视图画在同一张平面图纸上，展开的方法为V面（主视图）不动，将H面（俯视图）绕着OX轴向下旋转90°，W面（侧视图）绕着OZ轴向右旋转90°，这时V、W、H都平铺在一张平面图纸上。产品图一般不必画出投影面的边框和投影轴,因为它们的的大小与投影视图物无关,也不必标注是哪一个视图面,只要作为制图原则牢记于心便可,如图2-10所示。

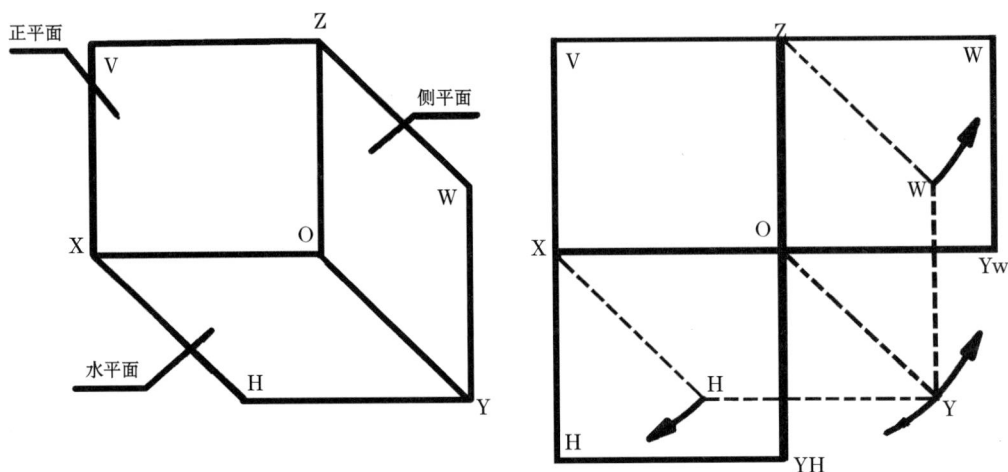

图2-10

(二)三视图的对应关系

从三视图的形成过程和投影面的展开方法,可以明确一下几点关系:

1. 三视图的位置关系:俯视图在正视图的下面,左视图在主视图的右边。主视图反映产品的上、下和左、右,俯视图反映产品的左、右和前、后,左视图反映产品的上、下和前、后。如图2-11所示。

2. 三视图投影之间的"三等"关系。由图2-12可以看出,在主视图上反映产品的长度(X)和高度(H),俯视图上反映产品的长度(X)和宽度(Y),左视图上反映物体的高度(H)和宽度(Y)。即主视图、俯视图投影长度(X)相等并对正;主视图、左视图高度(H)相等并平齐;俯视图、左视图中投影宽

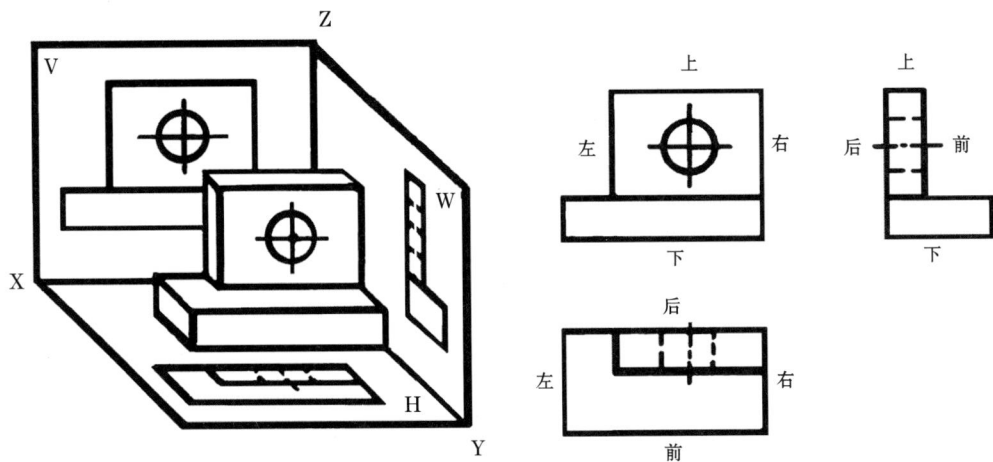

图2-11

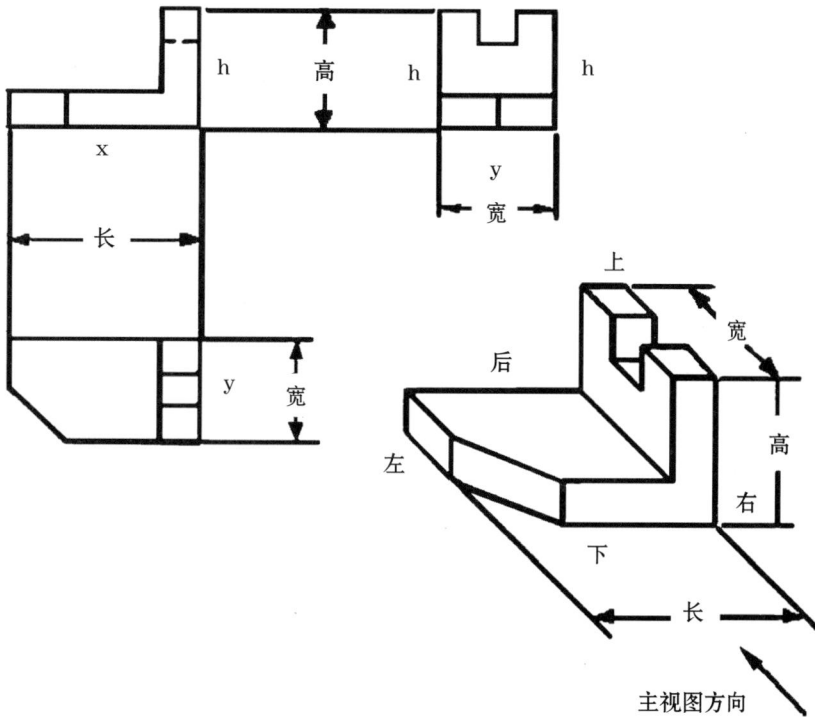

图2-12

度（Y）相等，用一个简单的口诀记下便是："长对正、高平齐、宽相等"。

综上所述，我们在绘制产品三视图时，一定要对准每一个投影，产品上任何相关的部件的三投影也必须符合"长对正、高平齐、宽相等"的规律。看图作图时要以此为依据，找出三视图之间的相应关系，从而才能想象出整个产品的形态。

综合练习与思考

1. "长对正、高平齐、宽相等"规律的根据是什么？

2. 在正投影中，为什么空间的平面图形和投影面平行的时候，其投影反映实形？

3. 读图2-13，该投影图还可以表示什么样的几何形体？

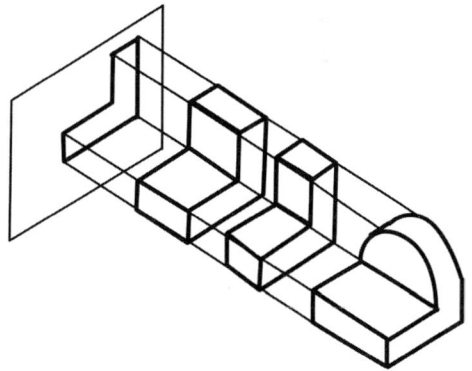

图2-13

第三章　点、线、面投影的形成

因为存在于时空中的任何物体都可以由点、线、面等几何元素构成，绘制一个复杂产品形态的三面投影实际就是将构成这个产品形态的点、线、面的投影画出来。我们在研究组合物体的投影之前，必须深入熟练地绘制点、线、面的投影，这不仅是解决如何使用投影图表达物体空间位置的问题，更重要的是需要一个由简到繁，由浅入深地研究正投影规律的过程（图3–1）。

一、点的投影及其基本规律

点是最基本的几何要素，一切物体都可以看成是点的集合。

（一）点的投影过程

1. 点在一个投影面上的投影

假设空间中有点A和投影面P，过空间点A的投射线与投影面P的交点a′即为点A在P面上的投影。如果直线Aa′垂直于投影面P，则点a′即为点A在P投影面的正投影（图3–2）。

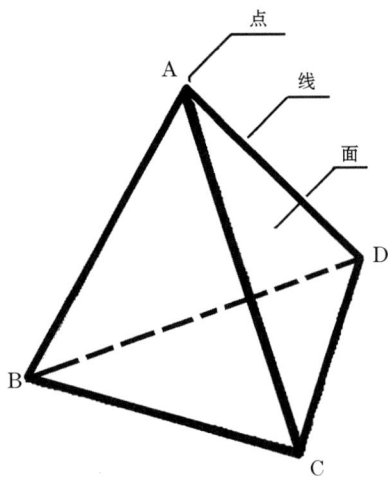

图3-1

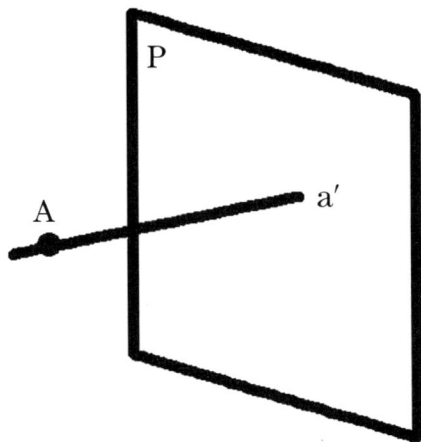

图3-2

再来看下面这种情况：如图3-3，若B_2、B_3点都在通过B_1点的射线上，则B_1、B_2、B_3在P面的投影均重合为一点b′。由此我们可以得出：空间中任意一点在投影面上只有一个唯一确定的投影，但一个投影面上的投影点有可能会对应多个空间点，所以不能通过单面投影确定某一点在空间中的确切位置。如由图中的b′点不能确定B点的空间位置。

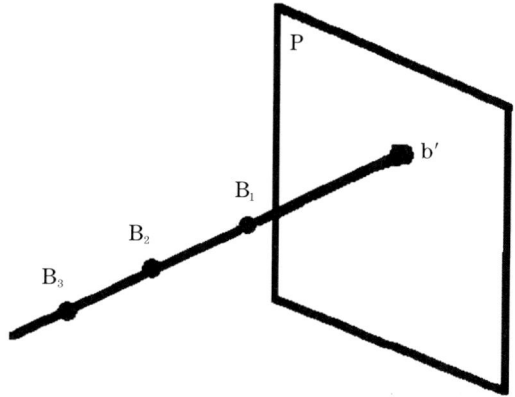

图3-3

2.点在两个面上的投影

如图3-4，假设空间中的点A朝H、V两个投影面作投影，默认状态下水平投影面用字母"H"表示，简称H面；正对观察者且垂直于H面的投影面称为正立投影面用字母"V"表示，H、V两个投影面的交界线称为投影轴，一般用OX表示。自A点分别朝V、H面作垂线（即投影线），垂线在H面的垂足，即是A点在H面的投影，默认用小写字母a表示。垂线在V面的垂足，即是点A在V面的投影，默认用a′表示。

由于Aa⊥H，Aa′⊥V，通过投影线Aa和Aa′所作的平面Aaa_xa'既垂直于H、V面，同时又垂直于OX轴，aa_x、$a'a_x$分别为Aaa_xa'面与H、V面的交线，a_x是Aaa_xa'与投影轴OX的交点。显然Aaa_xa'是一个矩形，由于矩形两对边平行且相等，所以Aa(A到H面的距离)＝$a'a_x$，Aa′（A到V面的距离）＝aa_x。根据上面的推导，我们可以得出一个重要的结论：点在某投影面的投影到投影轴的距离，等于空间中该点到另一投影面的距离。

现在我们要把V面和H面的投影展开到一张图纸上，如图3-5所示，此时V面静止，H面绕X轴向下旋转90°，当a随着H面旋转到与V面在同一个平面上以后，aa_xa'⊥OX的关系不会发生变化，因此在投影图上，a、a_x、a′三点共线，且aa_xa'⊥OX。

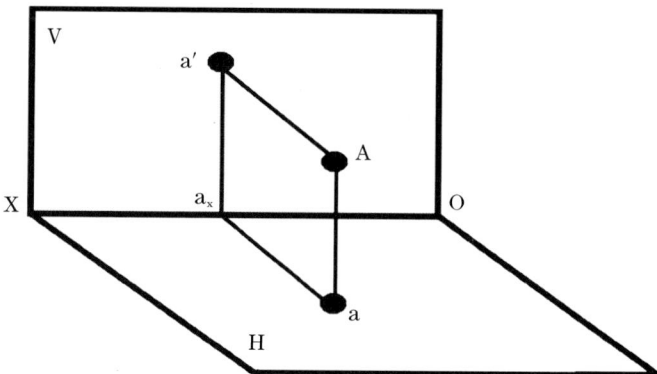

图3-4

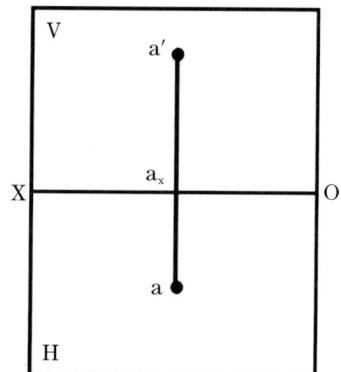

图3-5

（二）点的三面投影

点的三面投影体系即在前面讲过的两个投影面的基础上增加一个侧立投影面W（图3-6），我们把点在W面上的投影称之为侧面投影，用a″，b″等表示。

如图3-7所示，为空间点点A在H、V、W面中的投影情况，此时用a、a′、a″分别表示点A在H面、V面和W面的投影，从图中可以看出，通过两条投影线Aa 和Aa′、Aa和A a″、Aa′ 和Aa″ 所作的平面，必与相应的投影面相交，并

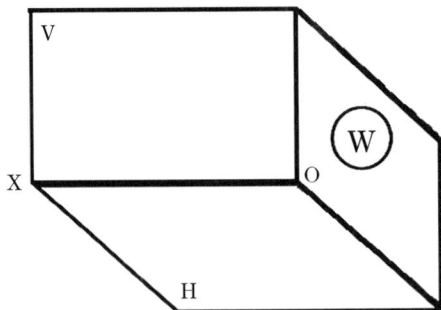

图3-6

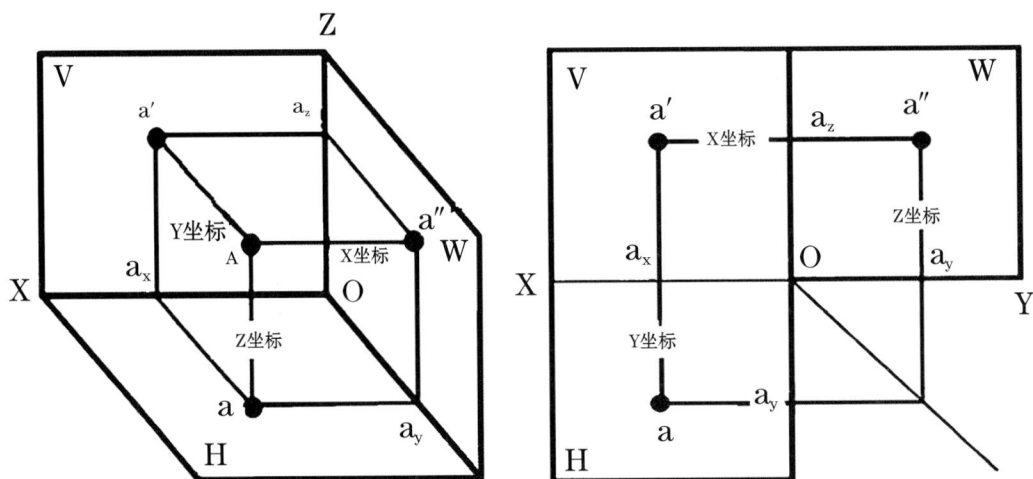

图3-7

且与三个投影面围成一个长方体，长方体中互相平行的棱边长度相等：

Aa= a′ a_x =a″ a_y=a_zO(即A点到H面的距离，记为Z坐标)

Aa′ =aa$_x$ =a″ a_z=a_yO(即A点到V面的距离，记为Y坐标)

Aa″ = a′ a_z =aa$_y$=a_xO(即点A到W面的距离，记为X坐标)

（三）特殊位置点的投影

1. 点在投影面上的情况

点对一个面的投影距离为0，则必有一个坐标值为0，点在该面的投影与空间点重合，另外两个面的投影则在该面的两个轴上。点分别在H、V、W投影面上的三种情况如图3-8所示。

点在投影面上的情况	在H面 (X, Y, O)	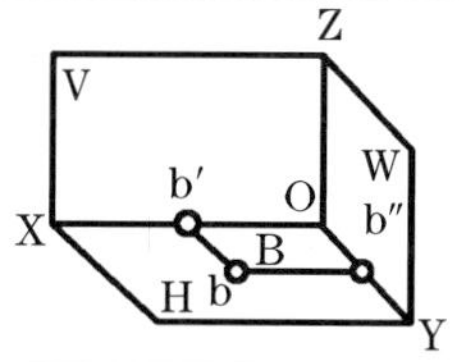	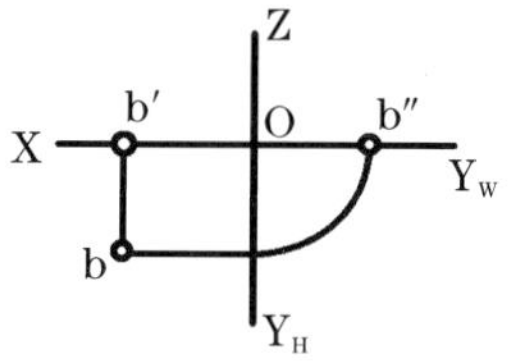	b与B重合，b′在OX轴上，b″在OY$_W$轴上。
	在V面 (X, O, Z)	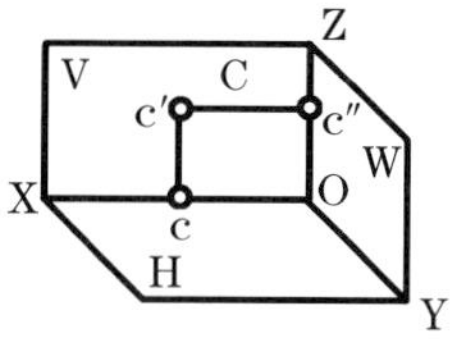	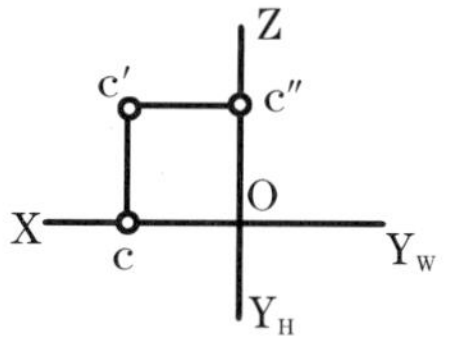	C在OX轴上，C′与C重合，C″在OZ轴上。
	在W面 (O, Y, Z)	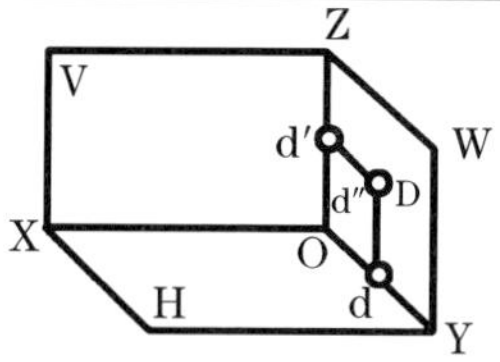	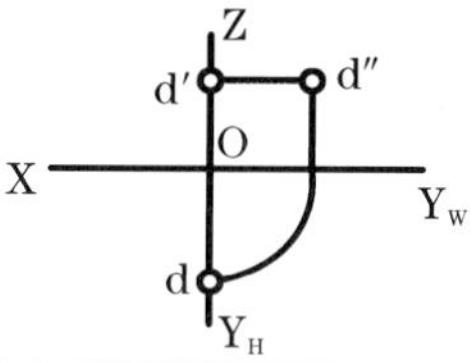	d在OY$_H$轴上，d′在OZ轴上，d″与D重合。

图3-8

2. 点在投影轴上的情况

点对两个投影面的距离为0，则必有两个两个投影面的距离为0，点在该两面上的投影与空间点都重合在该两投影面相交的投影轴上，另外一面投影与原点重合。点分别在OX、OY、OZ轴上的三种情况如图3-9所示。

点的位置	点的位置	直观图	投影图	投影图特性
点在投影轴上的情况	在OX轴上 (X, O, O)	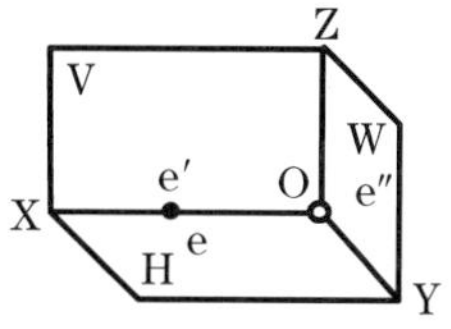	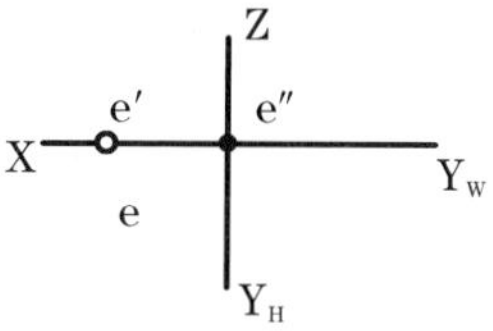	e与e′在OX轴上，并都与E点重合，e″在原点上。
	在OY轴上 (O, Y, O)	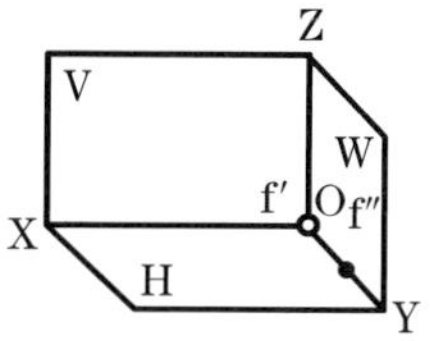	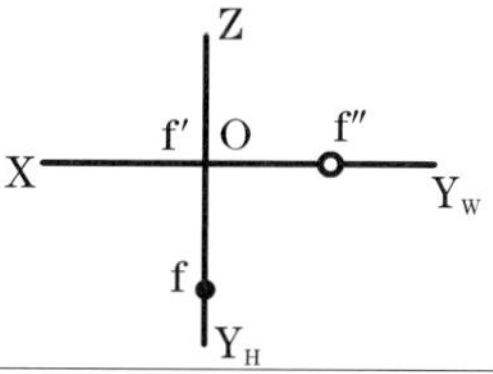	f在OY$_H$轴上，f′在原点上，f″在OY$_W$轴上，f与f″与F点重合。
	在OZ轴上 (O, O, Z)	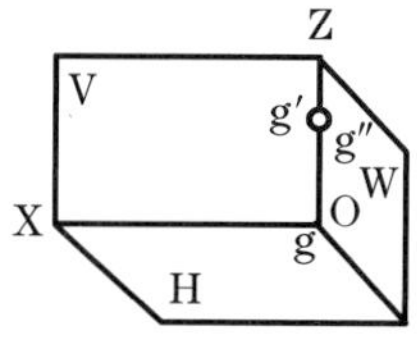	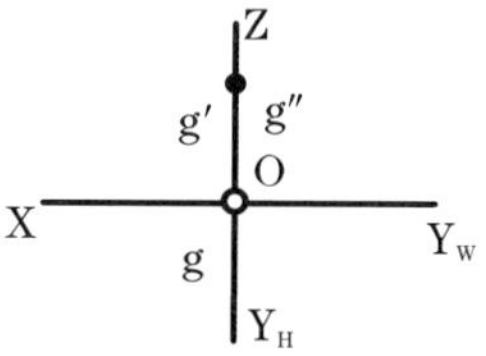	g在原点上，g′和g″在OZ轴上，都与G重合。

图3-9

27

3. 点在原点上

点与三个投影面的距离均为0，所以三个投影面都与原点重合（图3-10）。

（四）重影点与两点的相对位置

1. 重影点的概念

空间两点在某一投影面上的投影重合为一点时，则称此两点为该投影面的重影点。在两个重影点中必有一个点会被另外一个点遮住，所以我们要学会分辨重影点的可见性，显然距离投影面较远的点能够被显现出来，而距投影面较近的点则会被距投影面较远的点挡住。如图3-11所示，点A、B为H面的重影点，A点在B点上面则A点的投影a可见，而B点的投影b不可见；点C、D为V面的重影点，C点在D点的前面则C点的投影 c' 可见，而D点的投影 d' 不可见。

2. 两点之间的相对位置

两点的相对位置，是指垂直于投影面的方向，即平行于投影轴OX、OY、OZ的左右、前后和上下的相对关系，在投影图上，可由两点投影之间的左右、前后、上下关系反映出来，如图3-12所示。

根据两点之间的位置关系，我们很容易得到以下的结论，两点中X值较大的点在左边，两点中Y值较大的点在前面，两点中Z值较大的点在上面。以A、B两点为例，B在A的左边，则 b' 的X值大于 a' 的X

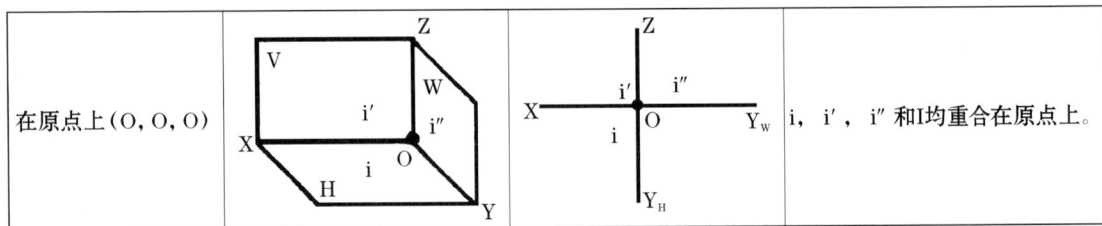

图3-10

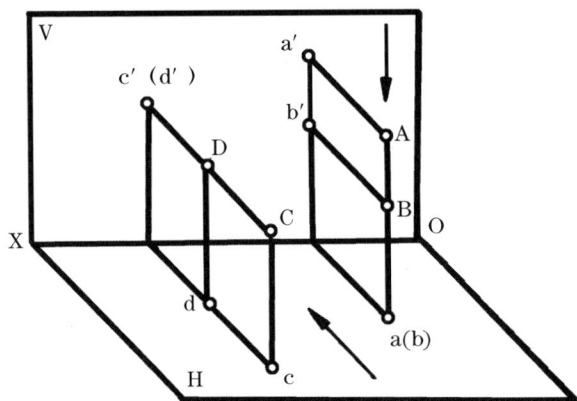

图3-11

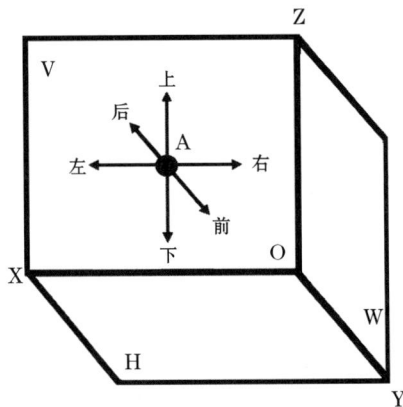

图3-12

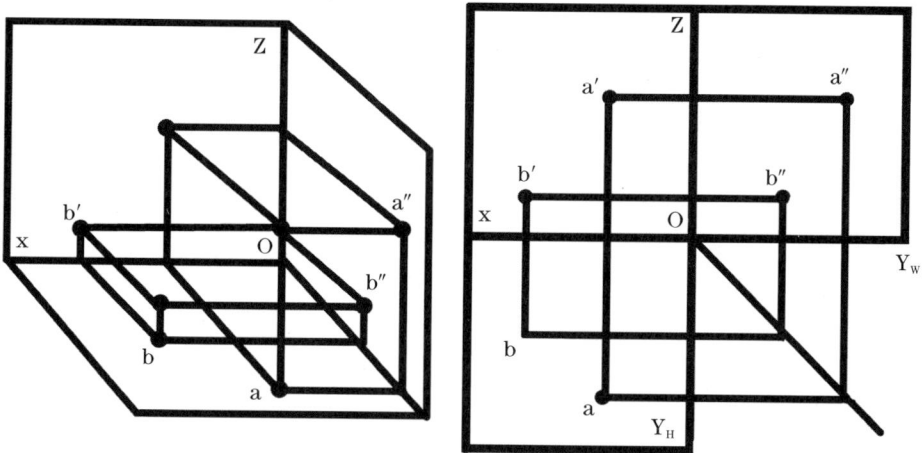

图3-13

值，A在B的前面，则a的Y值大于b的Y值，A在B的上面，则a″的Z值大于b″的Z值，如图3-13所示。

二、线的投影及其基本规律

空间中的任何一条直线我们都可以将其看做是两个端点的连线，可以先画出两个端点位于各面的投影，再将同一个投影面的同名投影连接起来，得到直线的投影图。

同名投影是指各个几何元素在同一投影面上的投影，例如A、B两点分别在H、V、W面上的投影为a、a′、a″和b、b′、b″，则a与b，a′与b′，a″与b″为3对同名投影。

（一）一般位置直线的投影

相对于各个投影面都倾斜的直线叫做一般位置的直线，其各面投影均小于直线的实长，即三面投影都具有收缩性，并且倾斜于投影轴，如图3-14所示。

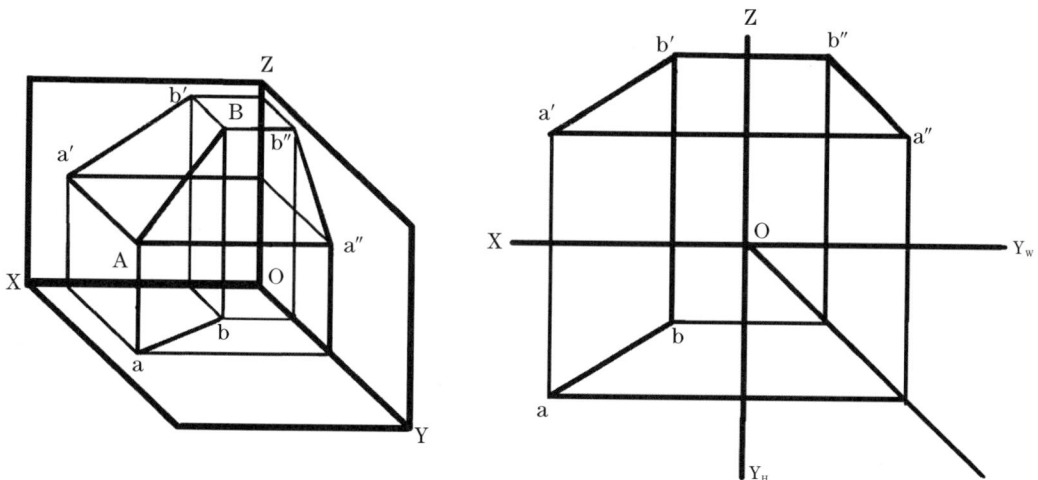

图3-14

(二)投影面平行线的特征

当直线与一个投影面平行,而与其余两个投影面倾斜时,我们将其称为投影面的平行线。投影面的平行线分为三种情况:水平线投影(直线平行于H面),正平线投影(直线平行于V面),侧平线投影(直线平行于W面),如图3-15所示。

投影面平行线的特征			
直线的位置	立体图	投影图	投影图的特征
平行于水平面 (水平线)	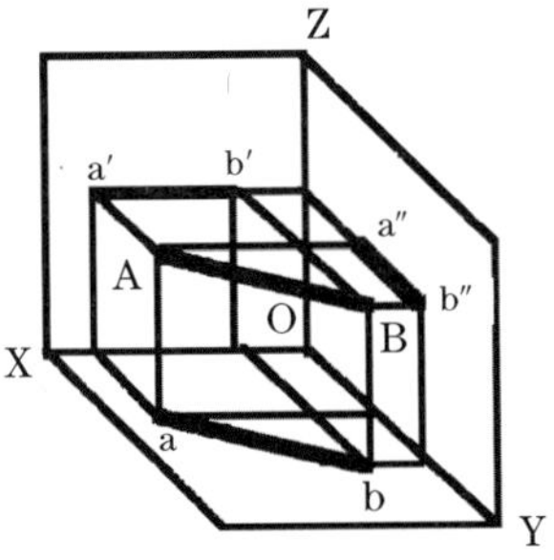	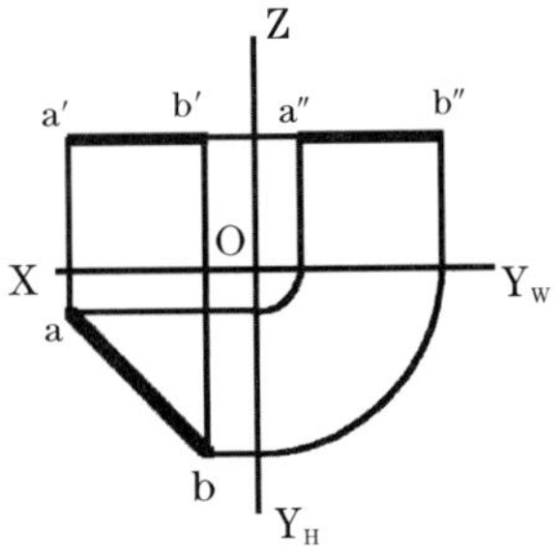	AB=ABH面上的投影为实长。a′ b′ //OX; a″ b″ //OYW。
平行于正面 (正平线)	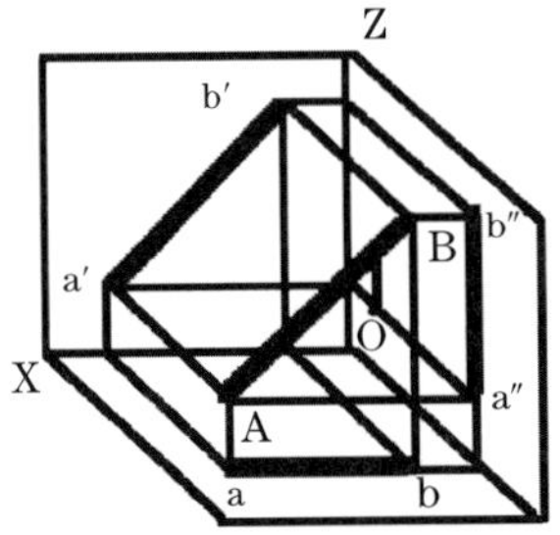	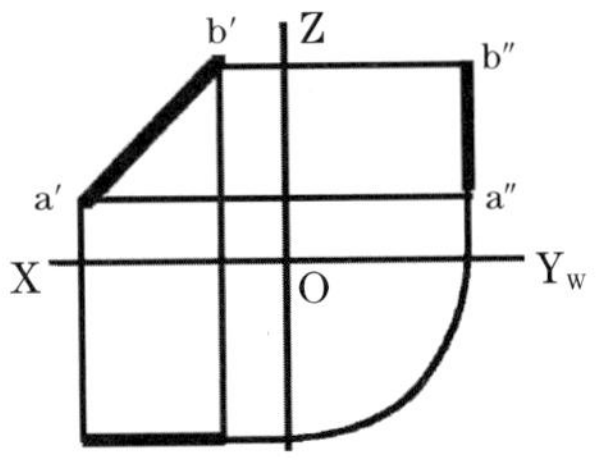	a′ b′ =AB(V面上的投影为实长)ab//OX; a″ b″ //OZ
平行于侧面 (侧平线)	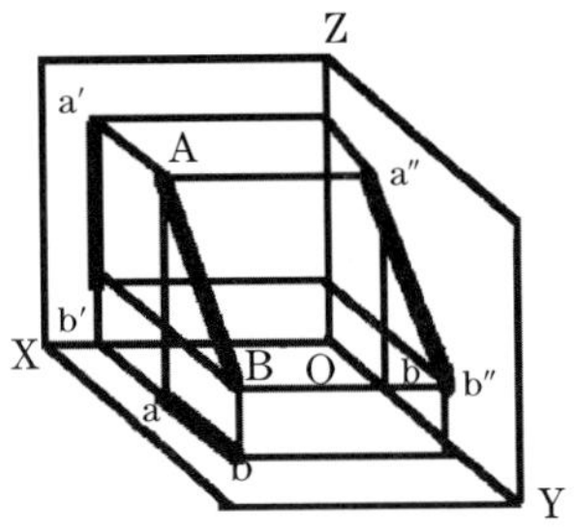	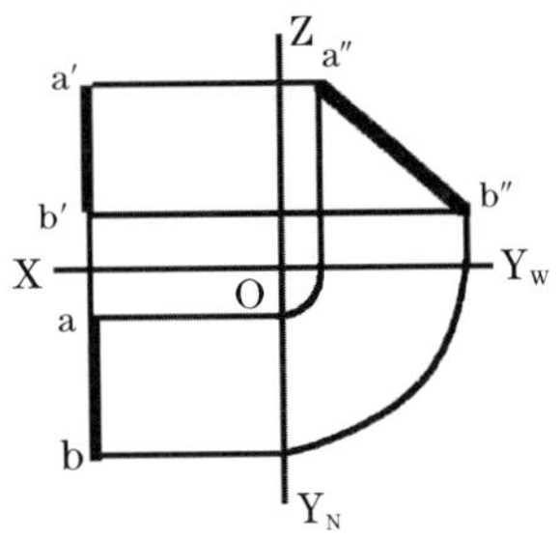	a″ b″ =AB(W面上的投影为实长)ab//YH; a′ b′ //OZ

图3-15

（三）投影面垂直线的特征

当直线垂直于一个投影面，而与其他两个投影面平行时我们将其称为投影面垂直线。投影面的垂直线分为三种情况：铅垂线投影（直线垂直于H面），正垂线投影（直线垂直于V面），侧垂线投影（直线垂直于W面），如图3-16所示。

投影面的垂直线			
直线的位置	立体图	投影图	投影图的特征
垂直于水平面 （铅垂线）	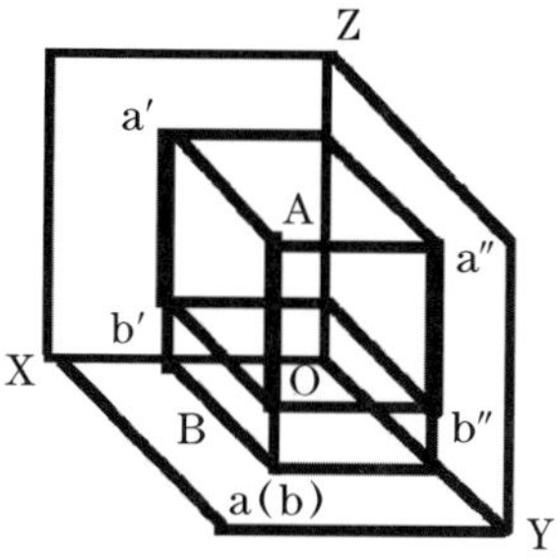	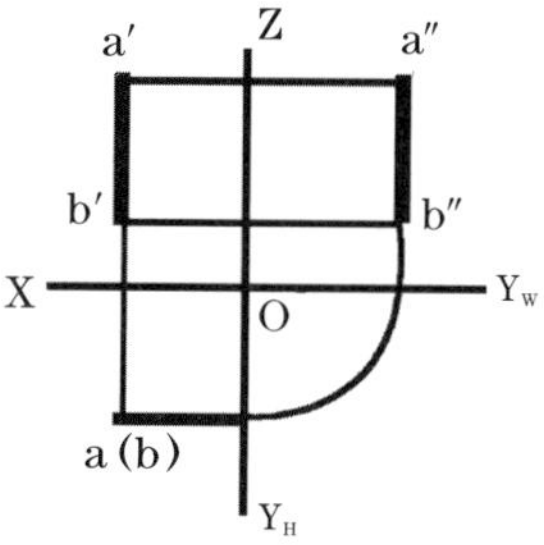	ab两点重合为一点。"b"带有括号表示B点在H面上的投影是看不见的。a′b′⊥OX；a″b″⊥oYW；a′b′=a″b″=AB。
垂直于正面 （正垂线）	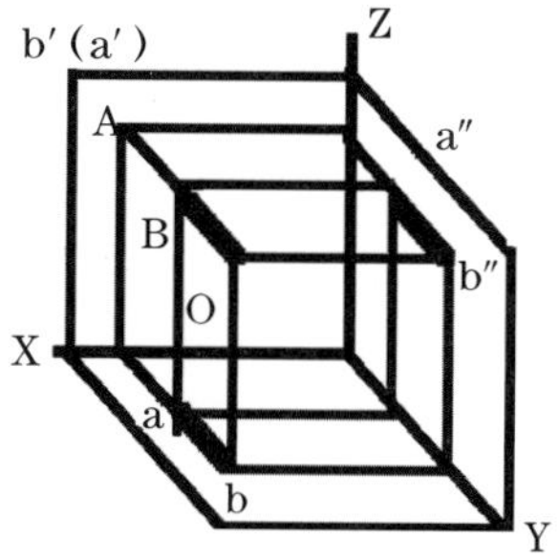	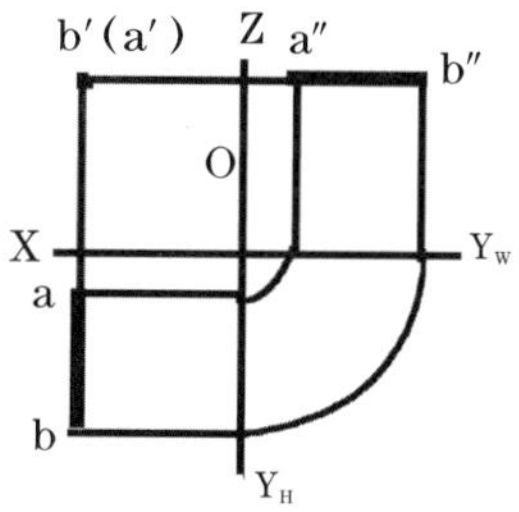	a′b′两点重合为一点。ab⊥OX；a″b″⊥OZ；a′b′=a″b″=AB。
垂直于侧面 （侧垂线）	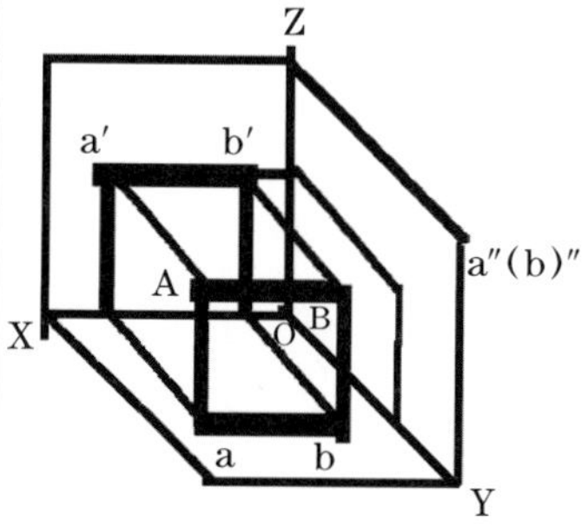	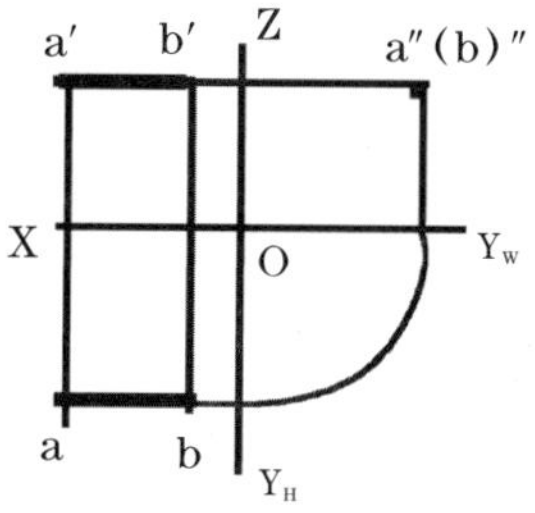	a″b″两点重合为一点。a′b′⊥OZ；ab⊥OY；a′b′=ab=AB。

图3-16

三、平面的投影及其基本规律

空间中任意平面图形,都有其特定的形状、大小和位置。我们在产品制图中常见的平面有直线平面、曲线平面和混合形平面等。

三角形、四边形等多边形都属于直线平面,根据平面的性质公理"不在一条直线上的三个点"以及推论"一条直线和其外一点"、"两条相交直线"、"两条平行直线"等都可以确定一个平面。所以绘制直线平面的投影时,一般先求出该平面各个顶点的投影,然后再连接各个顶点的同名投影即可。

曲线平面有圆、椭圆等,在求曲线平面的投影时,我们也是先求出曲线轮廓上一些主要点的投影,然后再用曲线板顺次平滑地连接各个点的同名投影即可。

混合平面是指同时具有直线和曲线的平面形,它的投影可以结合以上两种平面投影的方法求得。综上所述,平面的投影图形仍然是以点、线的投影为基础而得到,平面在投影面中的相对位置有一般位置平面投影、平行位置平面投影以及垂直位置平面投影三种。

(一)一般投影位置面的投影

对于三个投影面均倾斜的平面,称为一般位置的平面。由于它对于H、V、W面都倾斜,所以它的三个投影既不能积聚为直线,也不可能与原平面等大,而是类似原平面的图形,如图3-17所示。

(二)平行位置的平面投影

当一个平面与H、V、W面中的一个面平行的时候,它必定与另外两个面垂直。平行位置的平面有三种情况:水平面(∥H),正平面(∥V),侧平面(∥W)三种。

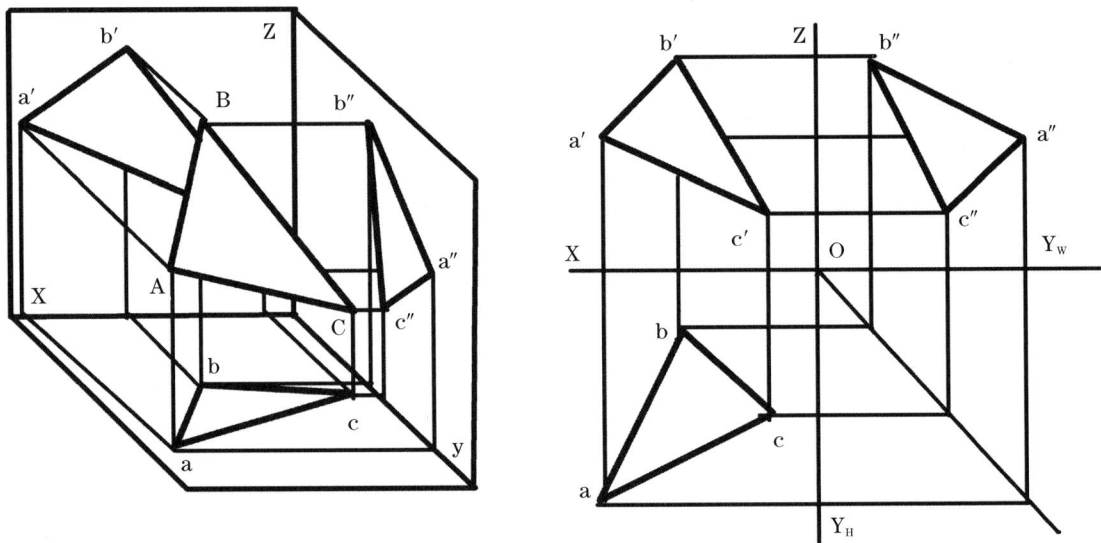

图3-17

平行位置平面			
直线的位置	立体图	投影图	投影图的特征
正平面	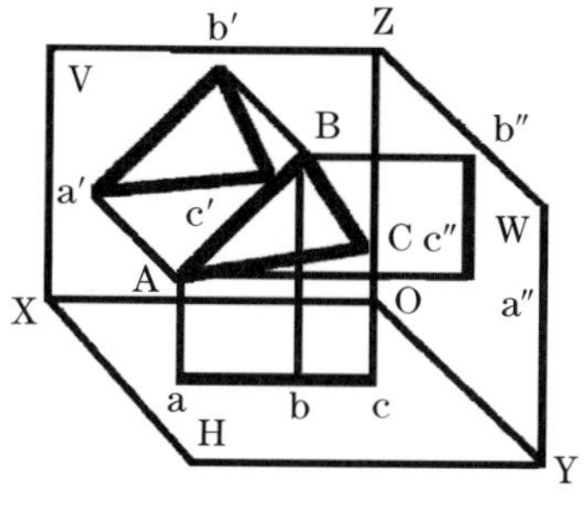 图1	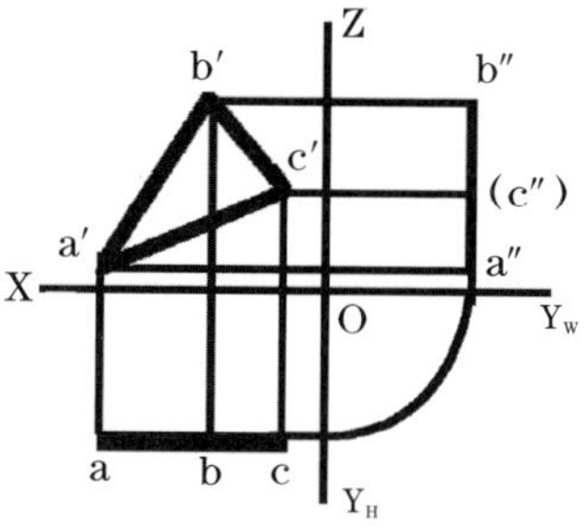 图2	1.V面投影反映实形,具有真实性; 2.H面和W面投影为一直线,具有积聚性。
水平面	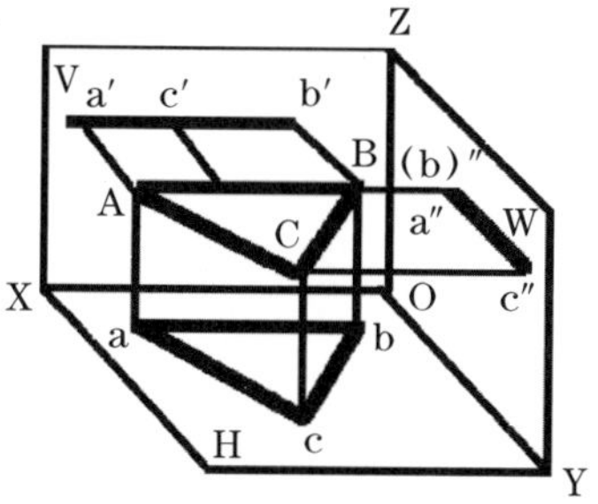 图3	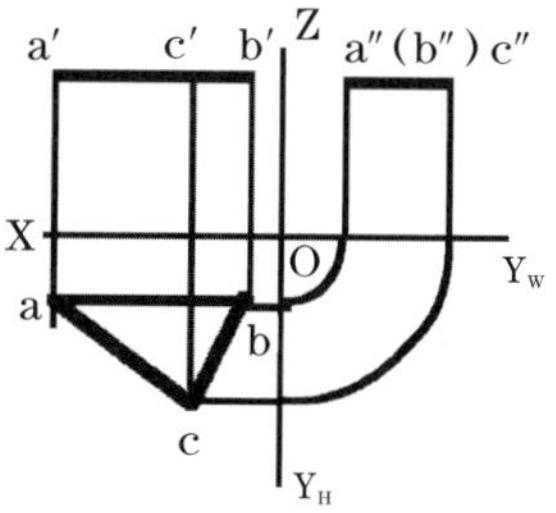 图4	1.H面投影反映实形,具有真实性; 2.V面和W面投影为一直线,具有积聚性。
侧平面	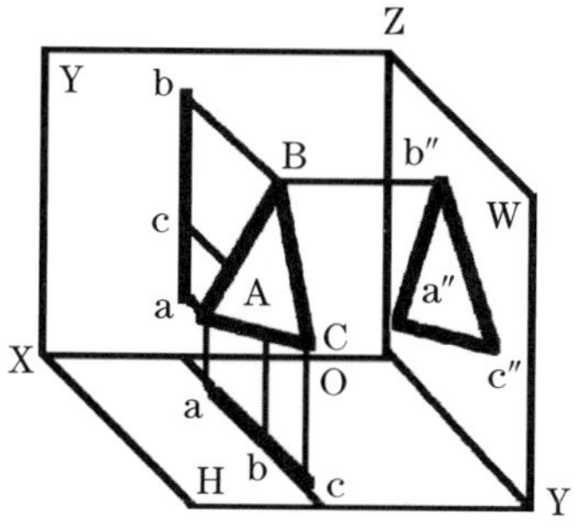 图5	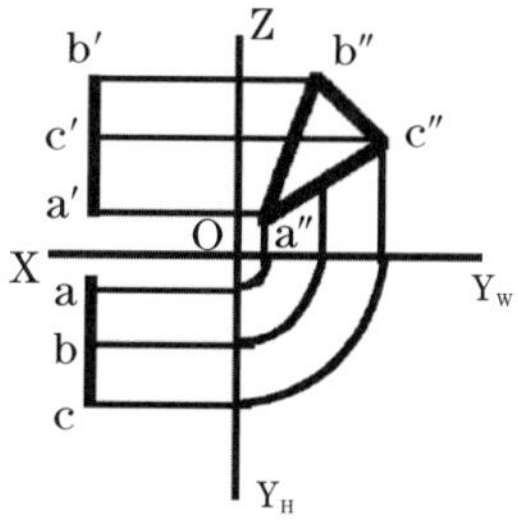 图6	1.W面投影反映实形,具有真实性; 2.H面和V面投影为一直线,具有积聚性。

图3-18

平行位置平面投影有两个特点:①平行投影面上的投影反映该平面的真实大小。②其他两个投影积聚为两条直线,且分别平行于相应的投影轴。如图3-18所示。

（三）垂直位置的平面投影

当一个平面与H、V、W面中的一个面垂直,而对另外两个投影面倾斜的情况叫做垂直位置平面。垂直位置的平面有三种情况:铅垂面(⊥H),正垂面(⊥V),侧垂面(⊥W)三种。

垂直位置平面投影有两个特点: ①所在垂直的投影面上的投影积聚为一条直线。②其他两个投影小于其真实大小, 为原来图形的类似形。如图3-19所示。

垂直位置平面的投影		
直观图	投影图	投影特性
铅垂面		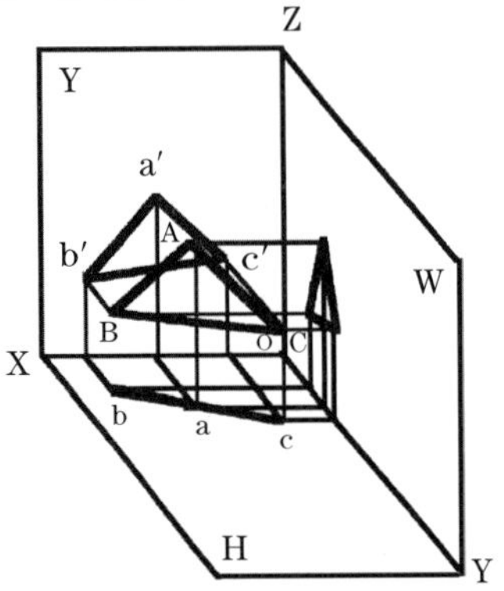 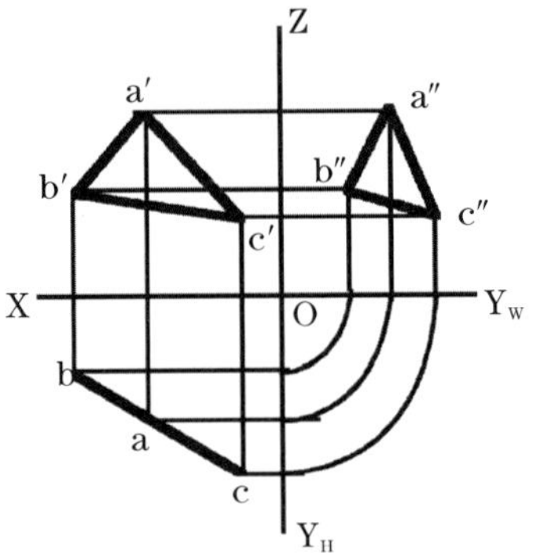 平面与H面垂直, 叫做铅垂面。 其水平面投影积聚为一直线, 其它二个面的投影均比平面本身小, 为原形的类似形。
正垂面		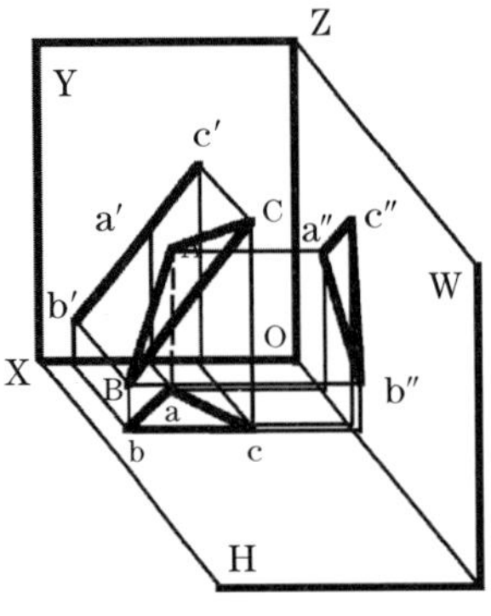 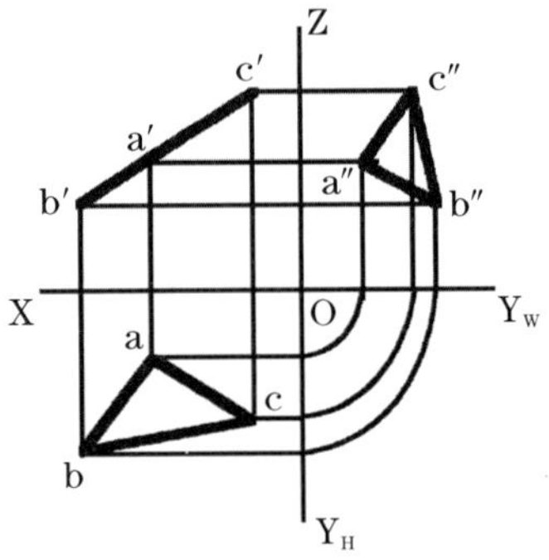 平面与V面垂直, 叫做正垂面。 其正面投影积聚为一直线, 其它两面投影均比平面本身小, 为原形的类似形。
侧垂面		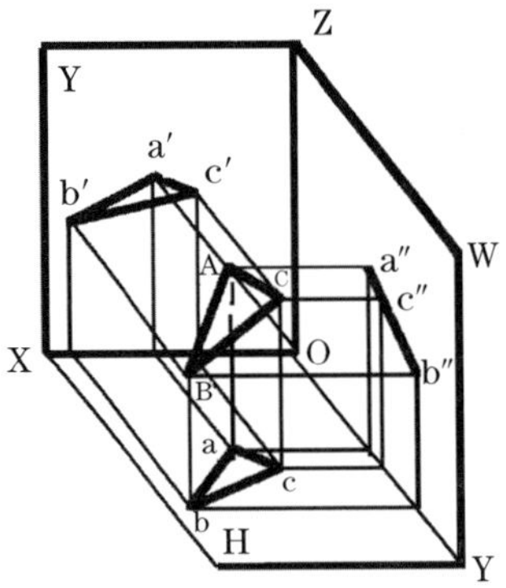 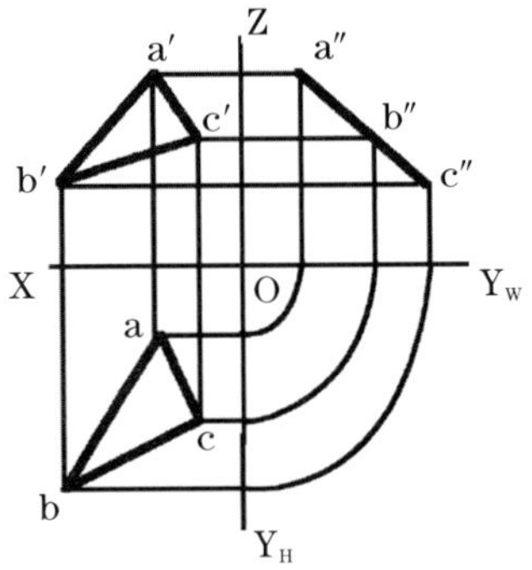 平面与W面垂直, 叫做侧垂面。 其侧面投影积聚为一直线, 而其它两面投影均比平面本身小, 为原形的类似形。

图3-19

综合练习与思考

1. 一般位置的平面有什么特点?

2. 平面上平行投影面的直线,具有什么投影特性和条件?

3. 如图3-20,已知A点在B点之前5毫米,之上9毫米,之右8毫米,求A点的投影。

4. 补出图3-21各直线的第三面投影,并标明是何种直线。

5. 画出图3-22中平面的第三投影,并标明是何种平面。

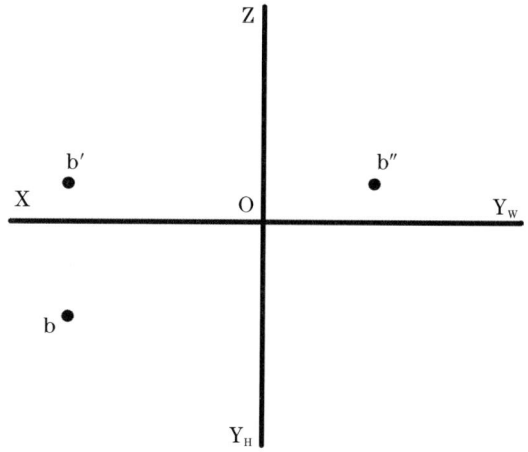

图3-20

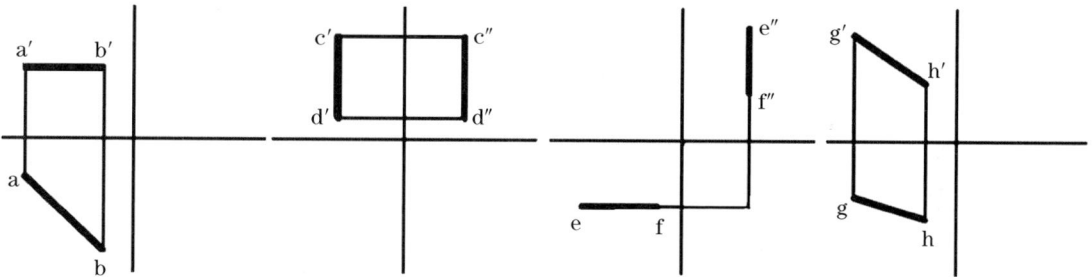

图3-21

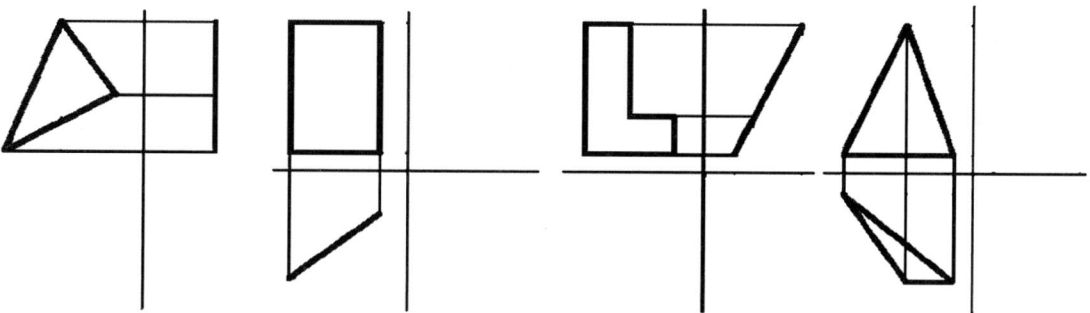

图3-22

第四章 基本几何体的投影

　　我们在产品设计实践中所接触到的各种产品部件, 都是由不同的几何体构成的。常见的几何体有平面立体与回转体两大类, 如棱柱、棱锥、圆柱、圆锥、球体等, 如图4-1所示。画出这些基本几何体的投影其实就是画出构成该体的所有面的投影总和。掌握这些基本几何体的投影画法能为我们进一步深入绘制复杂产品投影图打下良好的基础。

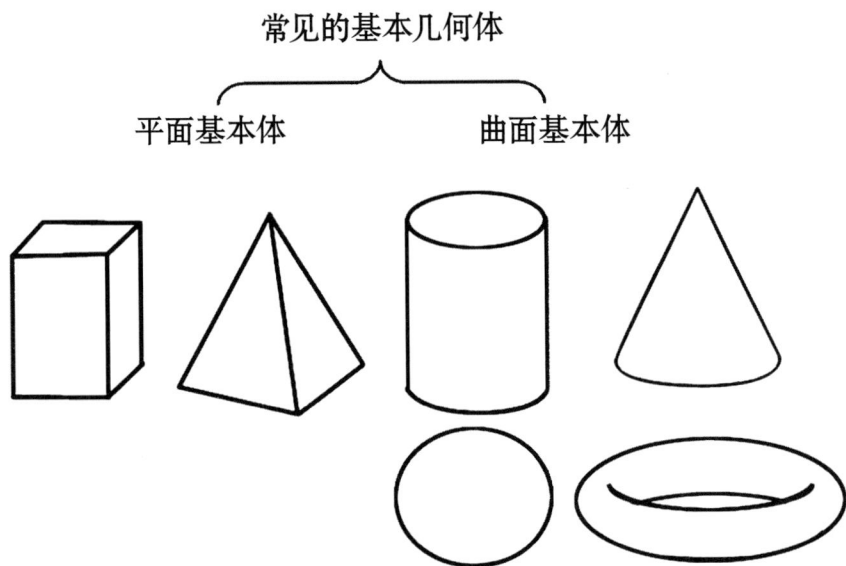

常见的基本几何体

平面基本体　　　　曲面基本体

图4-1

一、平面立体的投影

　　平面立体是由若干多边形的平面围成的, 各平面的交线我们称之为棱线, 也叫做边线或轮廓线。在对几何体投影的时候, 我们使几何体有较多主要表面与投影面平行, 这样可以使投影反映出主要面的真实大小。

(一)棱柱的投影

　　棱柱由两个底面和若干个侧棱面组成, 侧棱面与侧棱面的交线叫侧棱线, 几条侧棱线相互平行。棱柱的投影具有以下重要特征: ①在H、V、W三个投影面中, 必有一个其投影的外形为与其底面全等

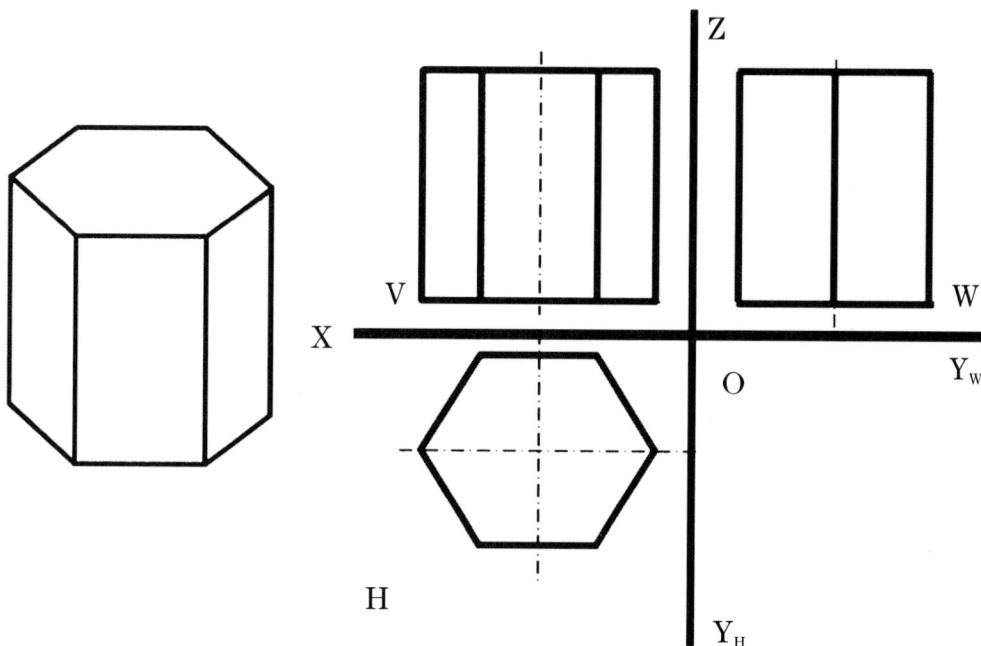

图4-2

的多边形。②其余两个投影面的投影为几个相互连接的矩形线框所组成。③各棱的实长和棱高均能在其余两个面的投影中反映出来。

　　下面我们以为六棱柱为例进行说明。如图4-2所示，正六棱柱的两底面为水平面，则H面的投影反映两个底面的真实大小。V面与H面上各线段向OX轴的投影长度对应相等，可记为"V面与H面朝OX轴各线段长对正"；V面和W面上各线段向OZ轴的投影长度相等，距离为六棱柱的高，可记为"V面与W面朝OZ轴各线段高平齐"；W面与H面上的各条线段分别向OYW轴和OYH轴的投影长度对应相等，可记为"W面与H面朝OYW轴和OYH轴各线段宽相等"。

　　（二）棱锥的投影

　　棱锥是由一个底面和几个侧棱面组成，侧棱线交于有限远的一点——锥顶。棱椎的投影具有以下重要特征：①若棱锥的轴线垂直于H、V、W三个投影面中的一个时，则各个投影面上的投影都是由若干个相邻接的三角形所组成的线框。②各三角形都具有公共的顶点。③各投影的外形轮廓中，必有一个投影轮廓与其底面多边形相同，另外两个投影则为三角形的类似形。

　　下面我们以为三棱椎为例进行说明。如图4-3所示，三棱椎的底面为水平面，其投影反映了三棱锥底面的真实大小，其余三个侧棱面为一般位置的平面，其投影为三角近似形，不能反映侧棱面的真实大小。三棱锥的三面投影上各线段向OX、OZ以及OYW轴和OYH轴上的投影长度和棱柱一样具有"长对正、高平齐、宽相等"的特点。

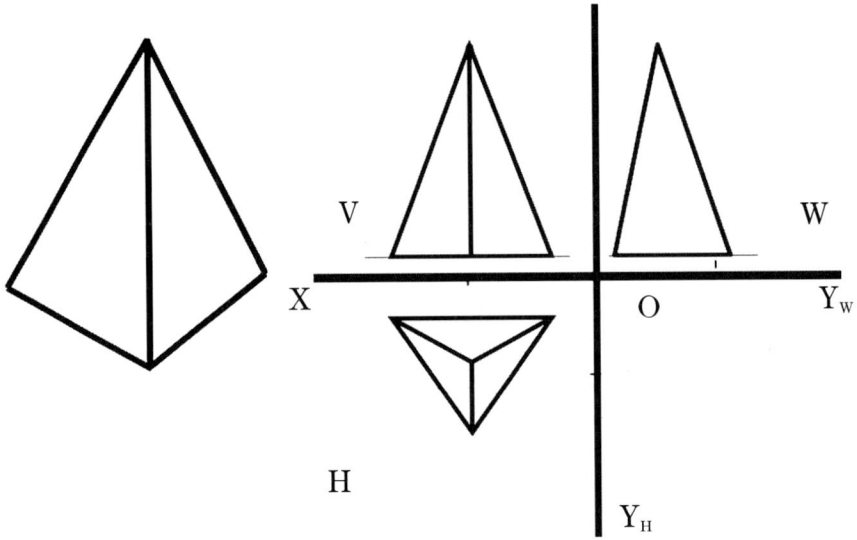

图4-3

二、回转体的投影

（一）圆柱的投影

圆柱由圆柱侧面和两个底面组成，圆柱可以看成是一个矩形绕定轴旋转360°而形成的几何体。圆柱的侧面上没有棱线，而由无数条素线构成，所以在绘制圆柱的投影图时，只要画出能够确定其范围大小的轮廓线即可。圆柱投影的重要特征为：当圆柱的底面平行于H面、V面、W面中的一个时，则必有一个与底面等大的圆形投影，另外两个投影为相同大小的矩形（图4-4）。

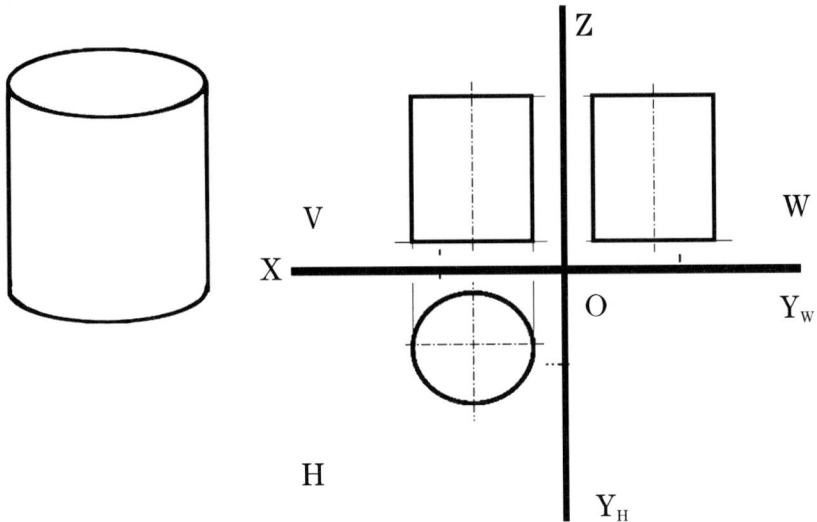

图4-4

（二）圆锥的投影

圆锥由圆锥面和底面组成，圆锥可以看成是由一个直角三角形绕直角边旋转360°而形成的几何体。圆锥投影的重要特征为：当圆锥轴线与H面、V面、W面之一相垂直时，则必有一个与底面等大的圆形投影，另外两个投影为大小相同的等腰三角形，两腰即为轮廓素线的投影，顶点为锥顶的投影（图4-5）。

（三）球体的投影

圆球可以看成是二分之一外侧圆以圆球的直径为轴旋转360°而形成的几何体。圆球投影的重要特征为：圆球在H面、V面、W面中的投影大小均相等且其直径与球径相同（图4-6）。

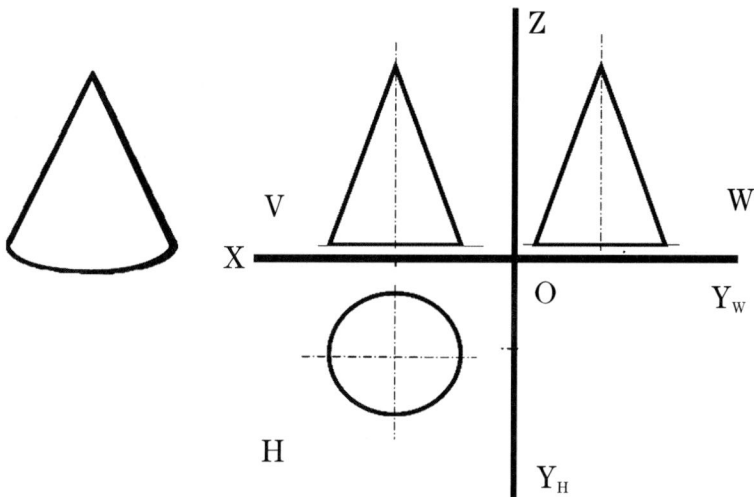

图4-5

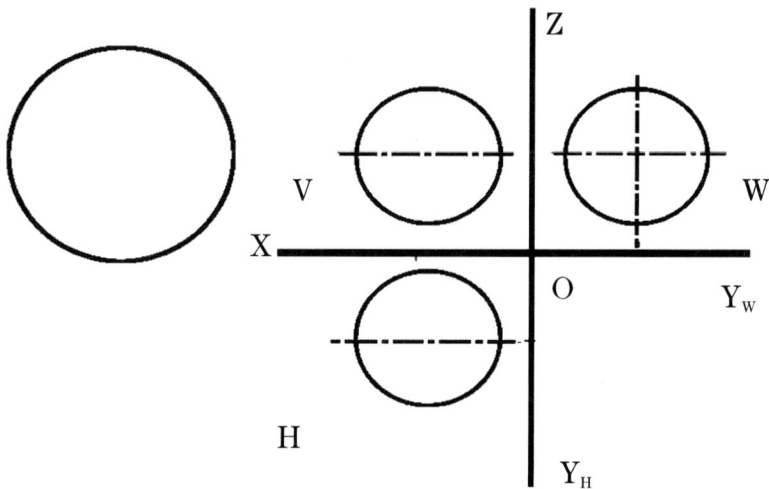

图4-6

综合练习与思考

1. 根据图4-7中的三视图想象出这些简单的基本几何体的外形。

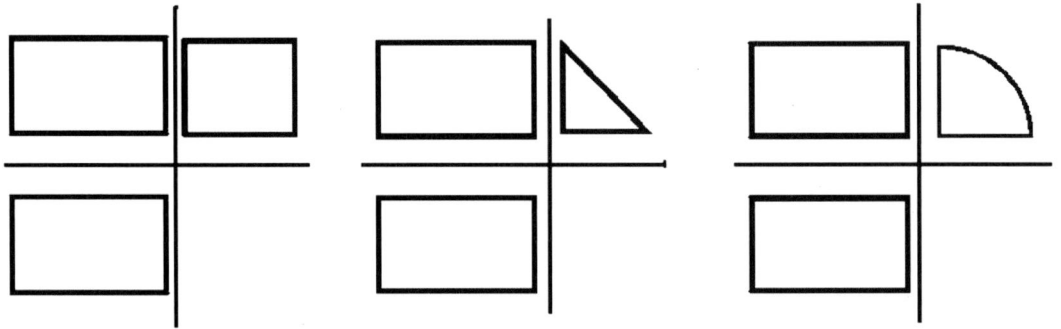

图4-7

2. 将图4-8至图4-10中简单叠加几何体的三面投影补齐。

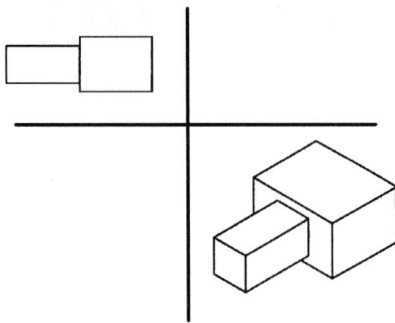

图4-8

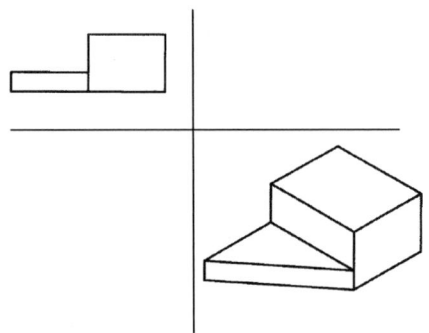

图4-9

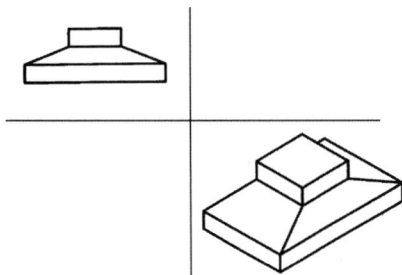

图4-10

第五章　组合体的投影

一、组合体的组合方式分类

在上一章中我们研究了基本几何体的投影视图，其实在产品设计与生产中，任何复杂的产品造型都是由若干个基本几何体组成的，我们把由两个或两个以上的基本几何体构成的物体称为组合体。下面按照组合体的形成方式来对其逐一进行详细解说。

（一）叠加类型组合体

叠加类型组合体是指把几个几何体拼接在一起而组成的立体，在叠加型组合体中又分为表面平齐的叠加（图5-1）、表面不平齐的叠加（图5-2）、同轴叠加（图5-3）、对称叠加以及不对称叠加（图5-4）等。

图5-1

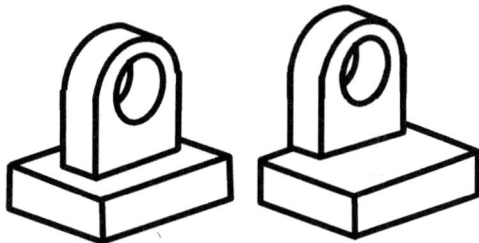

图5-2

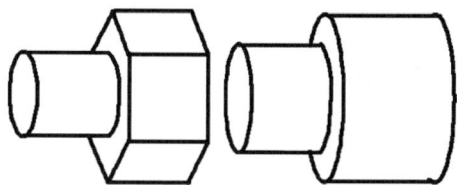

图5-3

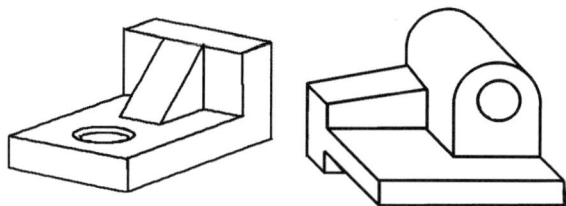

图5-4

（二）切割式组合体

切割式组合体是指从几何体中切割掉某一些部分而形成的立体，如图5-5所示。

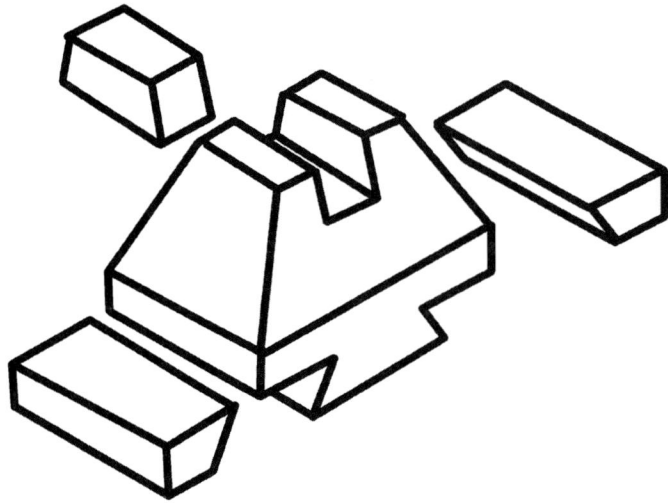

图5-5

（三）综合型组合体

在很多时候，复杂的产品造型都是既有叠加型、又兼备切割型的综合型组合体。图5-6所示的底座，即是一个综合型组合体，它可以被看成是一个穿了两个圆柱孔的长方形底板Ⅰ、壁板Ⅱ、筋板Ⅲ和圆筒Ⅳ、凸台Ⅴ所组成。

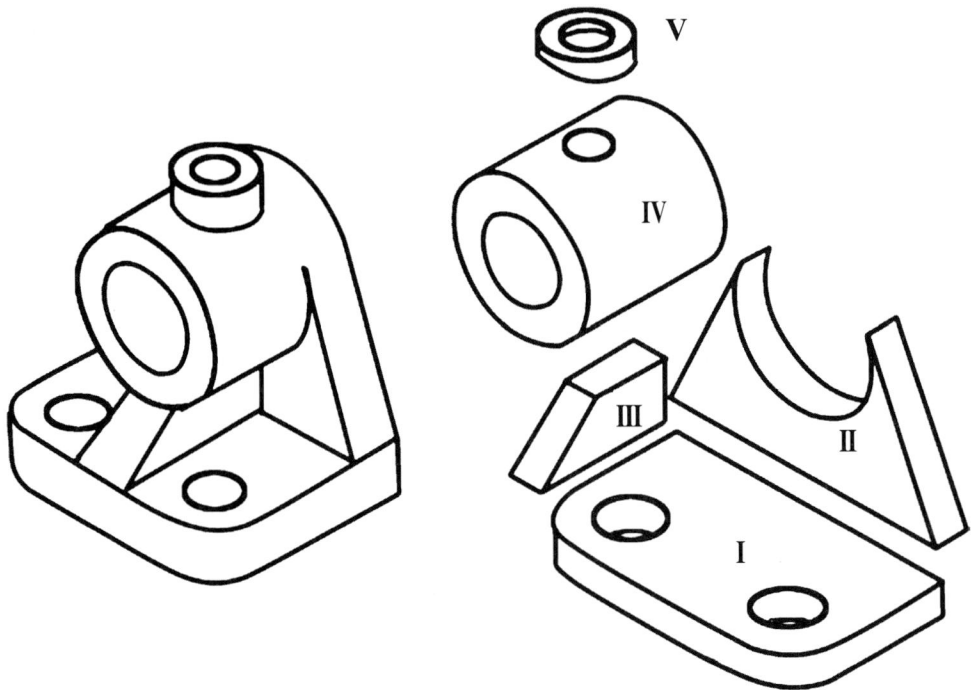

图5-6

（四）绘制组合体的要点

我们在绘制组合体的三视图时,可以将物体分解为几部分来进行作图,但是这种分解只限于在脑海中的想象和模拟,而实际的物体是一个整体,切忌认为几个形体是拼接而成。例如当两个形体的表面平齐时,它们的交接处是不能画出来的,如果中间多画了一条线,就变成了两个表面,如图5-7所示。

反之,当两个物体的表面不齐平时,正视图的中间就应该画线,如果两个物体投影分界处不画线,就变成了同一个表面,如图5-8所示。

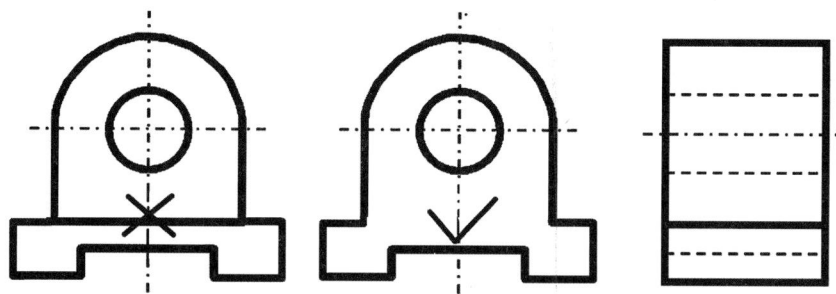

平齐的两表面结合处不应画线

图5-7

相错的两表面结合处应画线

图5-8

另外值得注意的两种情况为相交与相切，相交是指两个几何体的表面彼此进入（如平面与平面、平面与曲面、曲面与曲面），在相交处应该标明完整的交线（图5-9）。

而相切说与相交正好相反，是指两个几何体的表面光滑过渡，但是没有彼此进入（如平面与平面、平面与曲面、曲面与曲面），在相切处不存在交线（图5-10）。

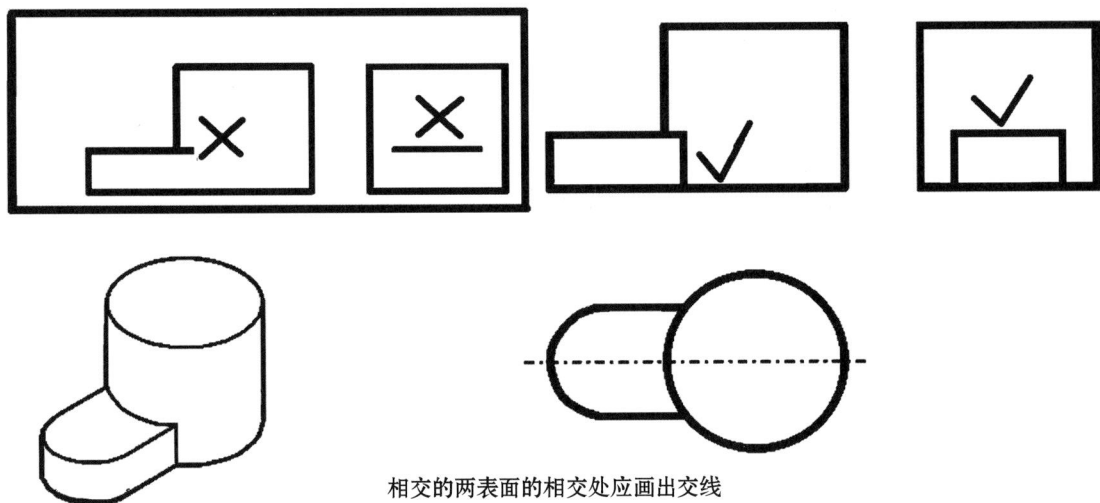

相交的两表面的相交处应画出交线

图5-9

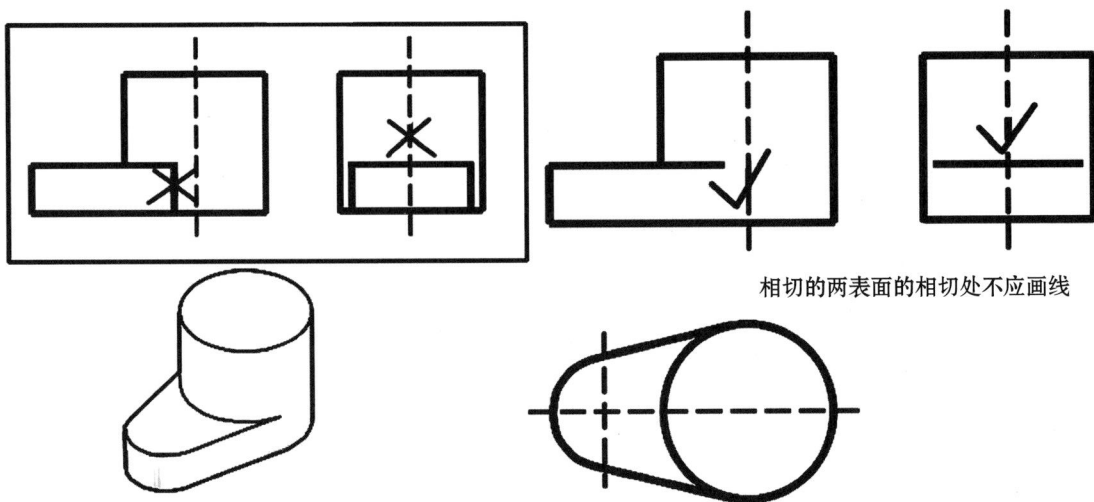

相切的两表面的相切处不应画线

图5-10

二、组合体投影的基本画法

（一）形体分析和画图步骤

在绘制组合体的投影视图之前，要先对其形体进行大致的分析与把握，可以根据组合体的形状，将其分解成若干部分，弄清各部分的形状和它们的相对位置及组合方式，分别画出各部分的投影。在投影视图上，一个封闭线框一般代表一个面的投影，可以通过对不同线框之间及面与面的交界处的分析反过来判断组合体表面的变化。

在画图时，首先要在脑海中对组合体进行形体分析，然后为组合体确定主视图的投影。一般来说，要在主视图中尽可能多地表达产品的形状特征与重要结构，所以在调整产品的位置时，应使产品最大的面或主要结构面平行于V面（主视图），还要尽量使其余的结构面平行于H面（水平面）、W面（侧平面），这样才能使投影尽可能地反映出主要面的真实形状。

我们可以将组合体的绘制方法总结如下：

1. 在脑海中将形体一一分块。

2. 将较大的结构面对准并平行于V面。

3. 使其余的结构面和轴线尽可能的平行于H面、W面。

4. 先画出V面的投影，再利用"三等"关系相继画出H面、W面的投影。

5. 检查齐平、相错、相交、相切的面有无添线或漏线的情况。

按照以上步骤，我们以产品的支座为例来进行具体分析：

1. 先在脑海中将支座解构（图5-11）。

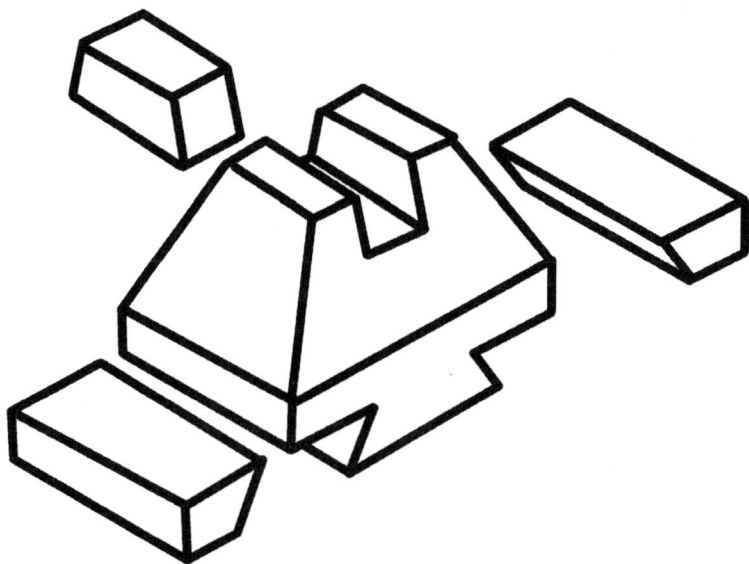

图5-11

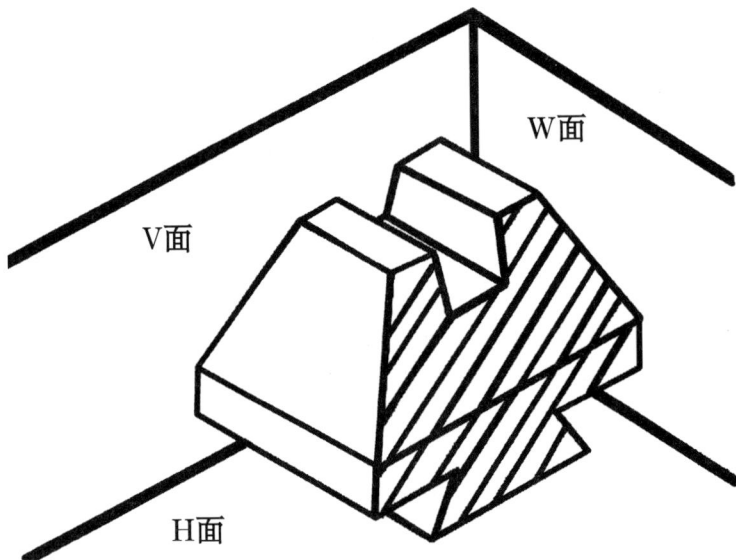

图5-12

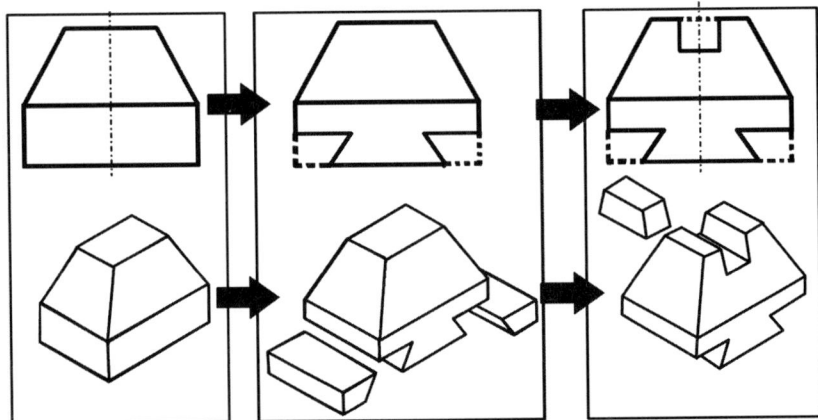

图5-13

2. 使支座最大的主要面对准并平行于V面（图5-12）。

3. 由图5-12可以看出，支座的中轴线除了与V面平行以外，也与H、W面平行。但是由于支座的侧面中有倾斜面，所以在H、W面上的投影不能反映其真实大小。

4. 接着根据第一步在脑海中对支座进行的"减法"，画出其V面的投影，再根据"长对正、高平齐、宽相等"的口诀相继作出H面和W面的投影（图5-13）。

5. 画出H面和W面的投影后，综合检查各视图中支座表面的过渡关系，查看有无添线或漏线的情况（图5-14）。

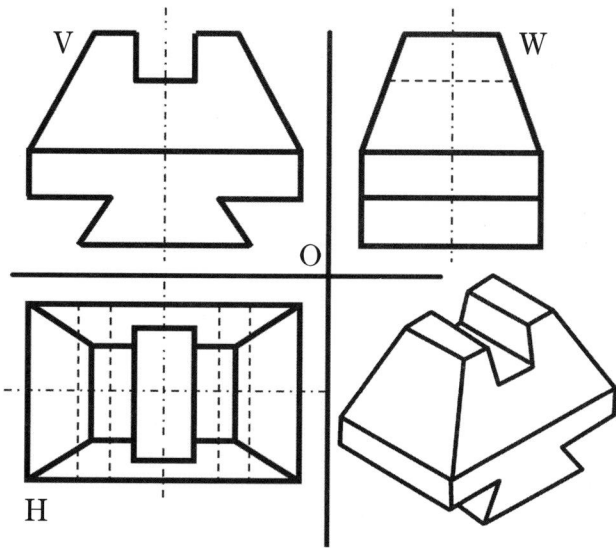

图5-14

（二）组合体尺寸的标注

1. 组合体尺寸标注的基本要求

对于组合体尺寸标注的要求可以总体归纳为三点，即：正确、完全、清晰。"正确"，是指尺寸标注严格遵守国家标准；"完全"，是指尺寸标注要完整，并且做到不遗漏，不重复；"清晰"，是指标注的位置安排适当，便于看图和寻找尺寸。

2. 三类尺寸的标注

（1）定形尺寸：确定组合体各组成部分形状大小的尺寸。如图5-15中的支座，底板长85，宽62，高22，竖立的圆筒外径Ø70，孔径Ø40，横向圆筒外径Ø45，孔径Ø22，这些都是定形尺寸。

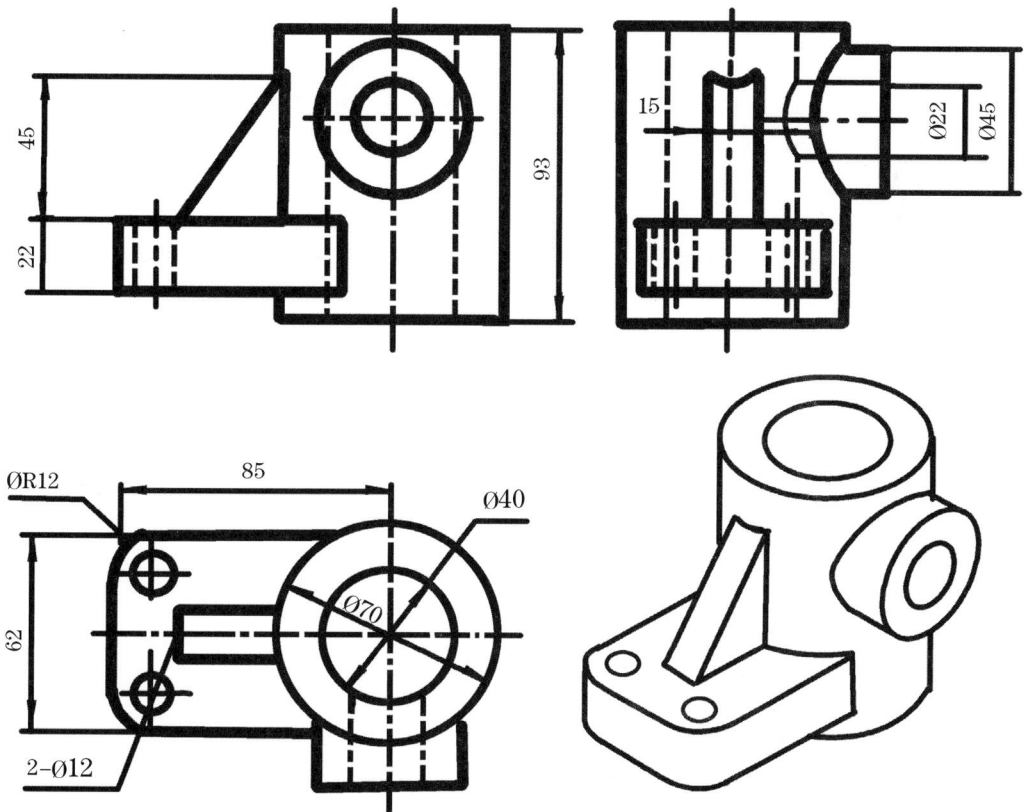

图5-15

（2）定位尺寸：确定各基本形体之间的相对位置尺寸。如图5-16所示，在正视图中，孔的轴线至支座最底部的距离为60；底板的底部至支座最底部的距离为10；在侧视图中，横向圆筒的外缘到肋板中轴线的距离为48；在水平视图中，底板上两个圆孔圆心之间的距离为36……通过这些尺寸，我们可以在空间中对组合体的各组成部分从前后、左右、上下位置上精确定位。

（3）总体尺寸：确定组合体总长、总宽、总高的尺寸。我们可以通过总体尺寸清楚地知道组合体外轮廓所占空间的大小。如图5-17所示，竖立圆筒的高度93就是整个支座的总高度，支座的总长度为85（底板外侧到竖立圆筒轴心线的距离）与Ø70/2（竖立圆筒半径）之和，支座的总宽度为48+Ø70/2。

需要注意的是，在标注总体尺寸的时候，如果总体尺寸可由定形尺寸和定位尺寸相加而得，且图上已经标注了定形尺寸和定位尺寸，则无须再次标注总体尺寸。

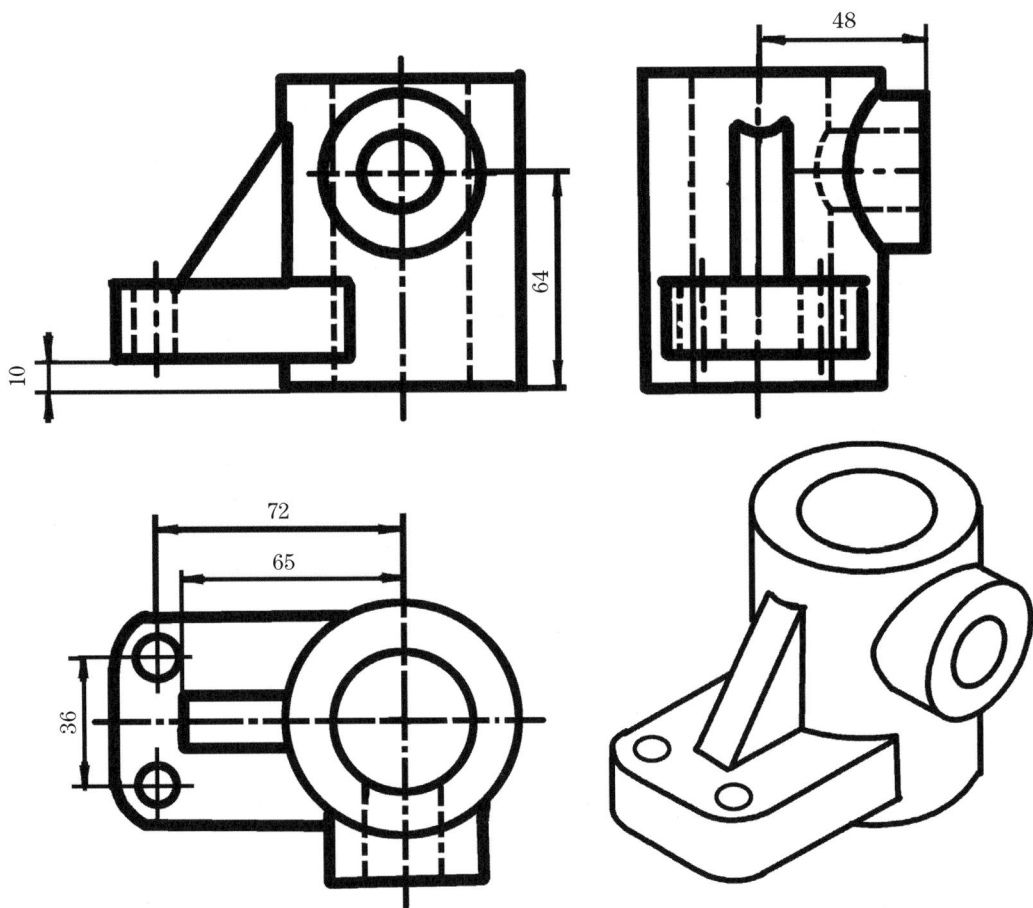

图5-16

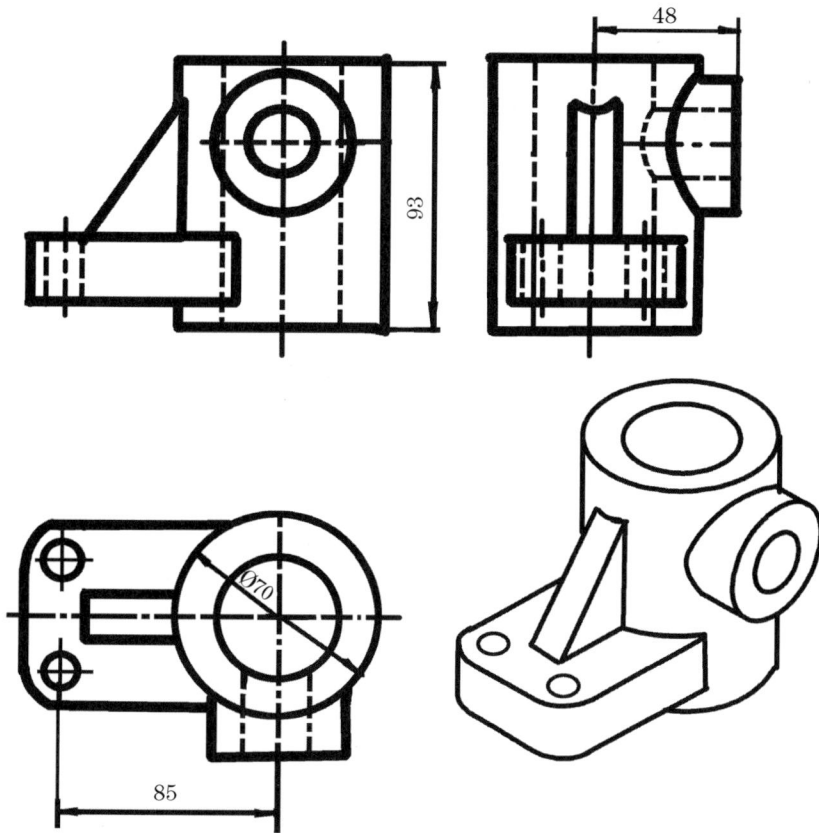

图5-17

3. 组合体尺寸标注的重点注意事项

在标注组合体尺寸的过程中，有以下几点需要特别注意：

（1）尺寸应该标注在反映形体特征的主要视图上。如图5-18所示，大部分尺寸都被标注在支撑块的V视图上，比如槽口上端和下端的宽度虽说也可以标注在H视图上，但是那样看起图来感觉很不方便，并且会与支撑块的高度及其他几个尺寸割裂开来，所以我们要尽量把相关的重要尺寸都标注在一个主要视图上。

（2）同一形体的尺寸应该尽量集中标注在一侧。如图5-19所示，支架板孔的大小与立板圆角的大小都被标注在V视图的左边，并没有在立板

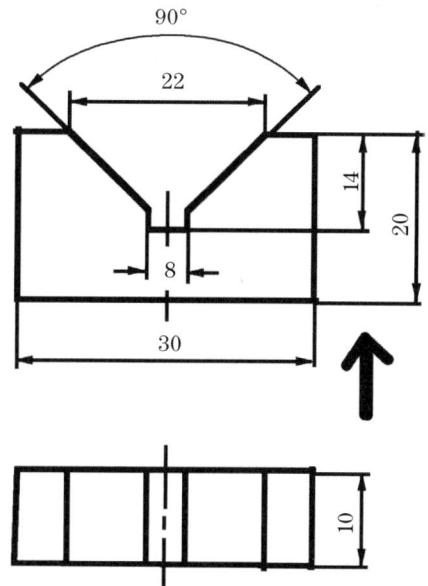

图5-18

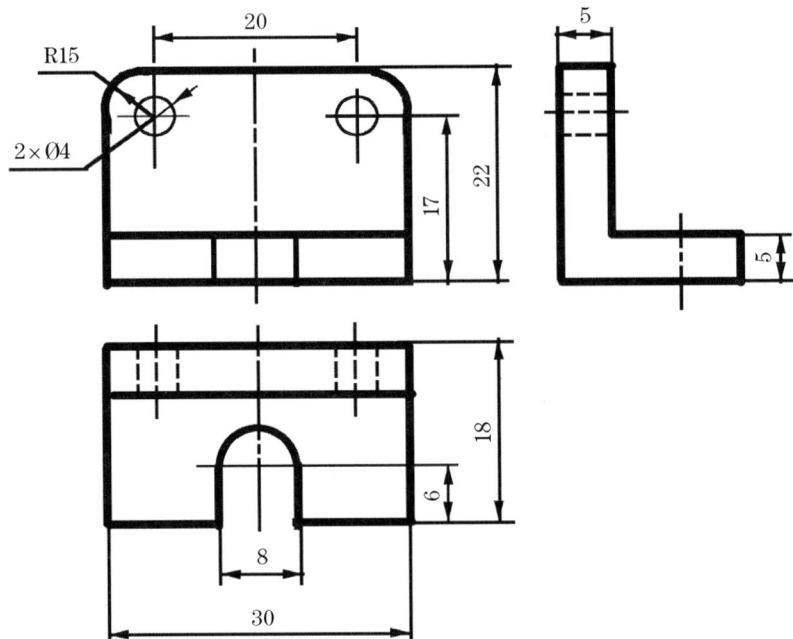

图5-19

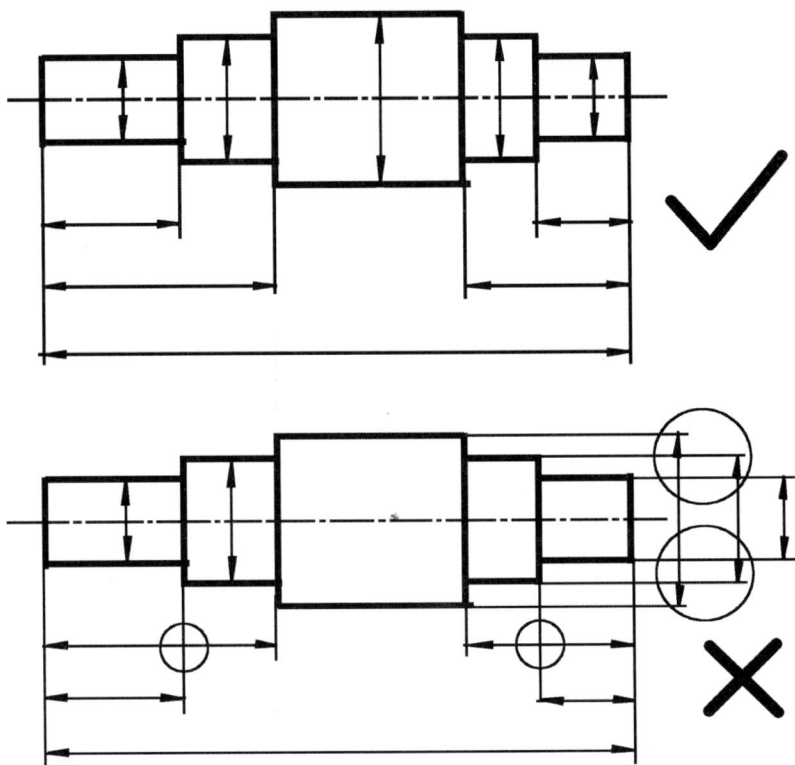

图5-20

的左右两边对称孔上各标一个尺寸，而是在有限的图纸中将尺寸尽量标注在同一侧，便于寻找尺寸。

（3）平行尺寸的排列应遵循"大尺寸在外，小尺寸在内"的原则。从图5-20可以看出，如果把小尺寸标在大尺寸的外面，看上去会很别扭，不符合制图的美观的要求。

（4）当产品需要标注内形尺寸与外形尺寸的时候，内外形尺寸应当分别标注在视图的两侧（图5-21）。切忌在同一侧混合标注，以免引起视觉歧义。

（5）几个具有相同轴心的回转体形成组合体时，将它们的直径标注在非圆视图上比标注在圆形投影视图上更容易识别（图5-22）。

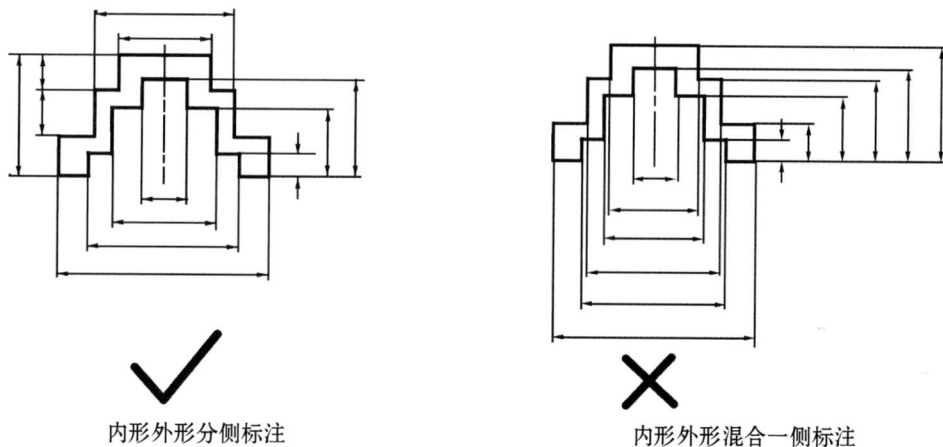

内形外形分侧标注　　　　内形外形混合一侧标注

图5-21

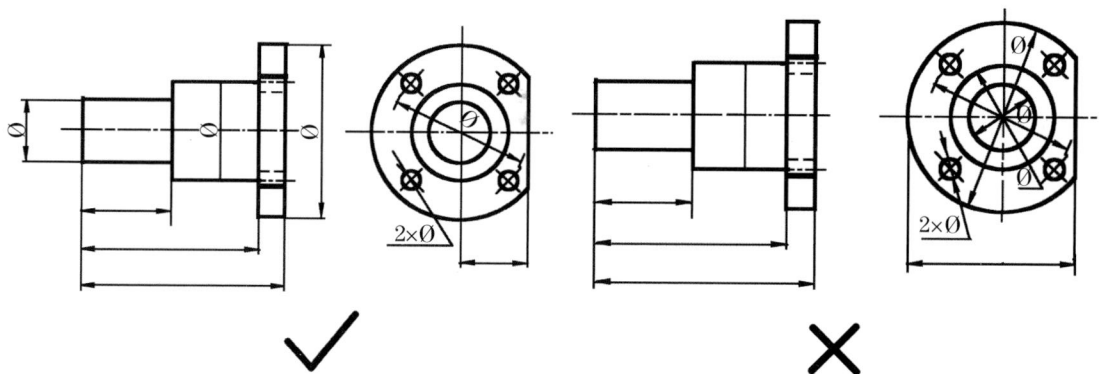

图5-22

三、组合体读图的基本方法

组合体画图是指运用正投影法将物体画到各个投影面上, 而组合体的读图则与组合体画图的过程恰好相反, 是根据各投影面的视图来想象物体的空间形状, 二者互为逆向工程。

在反推物体空间形态的过程中, 通常先把各视图粗略浏览一遍, 明了各视图的对应关系, 再从能够反映物体主要特征的视图深入, 根据投影规律结合其余视图将物体形态逐步想象出来。

在对组合体读图的过程中, 我们还是依据"长对正、高平齐、宽相等"的基本投影规律来确定组合体各部分之间的关系, 可以先分别想象出各组成部分的形状及位置, 再综合起来想象出整体结构。如图5-23所示, 这5个不同的组合体在H、V视图上的投影都相同, 当我们根据其投影反推其形态的时候, 就需要结合W视图才能确定它们最终形态。

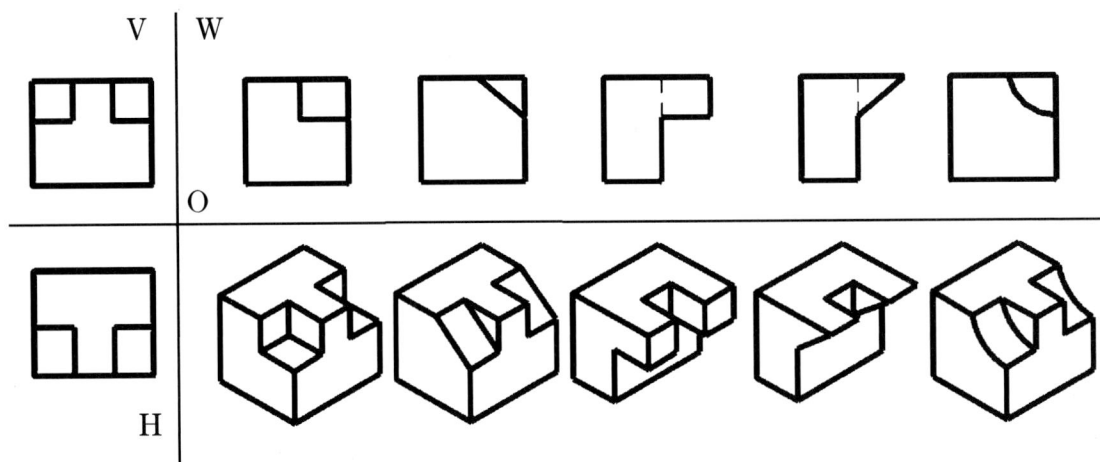

图5-23

总结起来可以归纳为: 先想象容易确定的部分, 再想象难于确定的部分; 先确定主要形体部分, 再确定次要形体部分; 先确定某一部分的总体形状, 再确定某一部分的细节形状。

综合练习与思考

1. 组合体是怎样构成的? 按照组成形式的不同, 可分为哪几类?

2. 什么是形体分析法? 它可以运用到哪些方面?

3. 组合体读图的基本方法是什么?

4. 根据图5-24至图5-27中模型的立体图, 绘制出相应的三面投影视图。

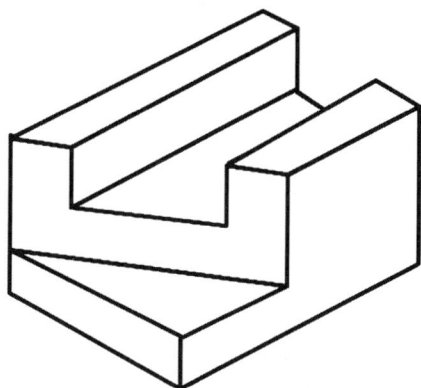

图5-24

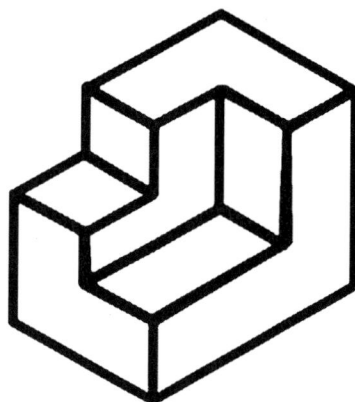

图5-25

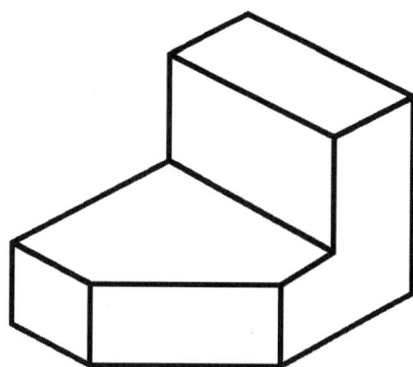

图5-26

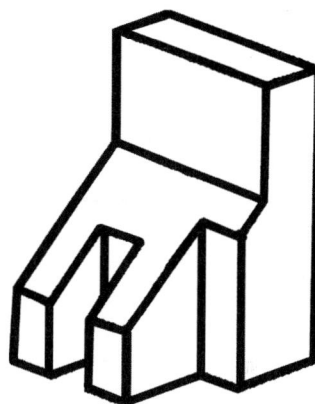

图5-27

5. 根据图5-28、图5-29中物体的三面投影视图, 绘制出其立体效果图。

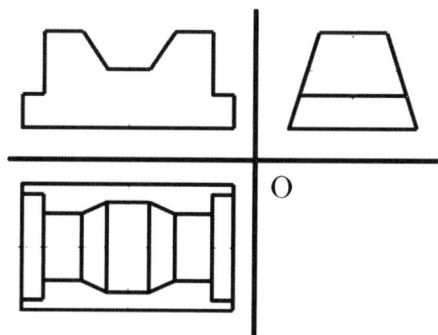

图5-28

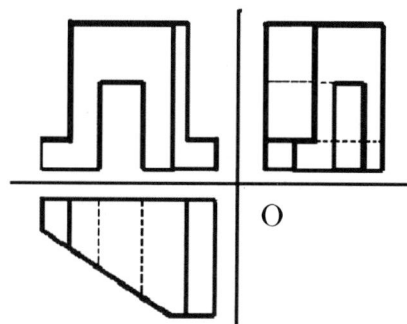

图5-29

第六章　轴测投影

一、轴测投影的基本概念

我们知道，正投影视图的特点是作图简便，能够正确反映出物体的形状与大小，易于识图和按图施工。但是正投影视图把物体的表面——分解，分别放在H面、V面、W面上，导致了缺乏立体感和整体感的不足。为了弥补这一缺陷，在产品制图中，我们经常使用立体感较强的轴测投影图来辅助正投影视图一起表达产品的外形与结构，如图6-1所示。

（一）什么是轴测投影图

为了作图与研究的方便，通常我们都会在物体上选定一点，通过这一点发出3条相互垂直的空间坐标轴，分别用OX、OY、OZ来表示。每两个坐标轴形成的面称为坐标面，分别用XOY（H面）、XOZ（V面）、YOZ（W面）来表示。

轴测投影指采用平行投影的方法，将物体及其相互垂直的3条空间坐标轴一起投射到空间中某个投影面上的图示方法。这个被投影的单个投影面P叫做轴测投影面，它与原来的3个坐标面以及投影线均不平行，正是因为这样，我们可以在P面上同时看见原来的3个坐标面投影，从而具有较强的立体感，如图6-2所示。用轴测投影法得到的投影称为轴测投影图，简称轴测图，也叫做立体图或直观图。

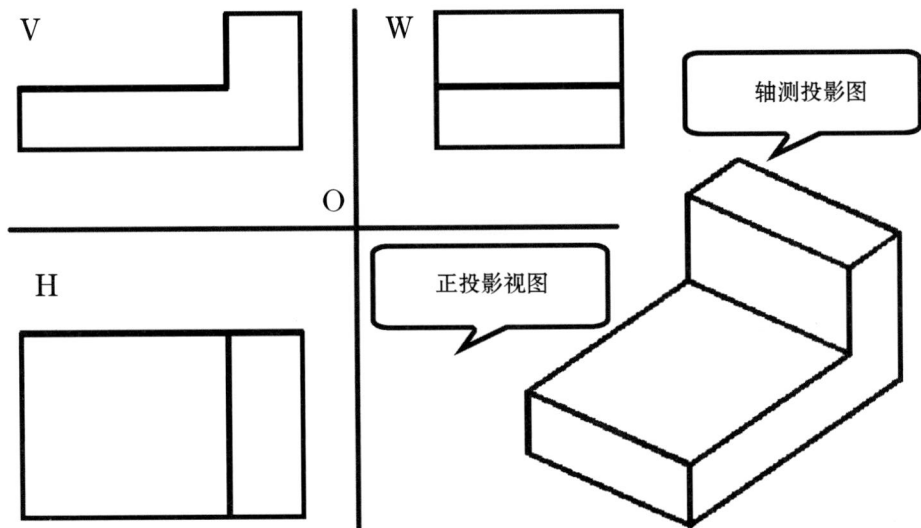

图6-1

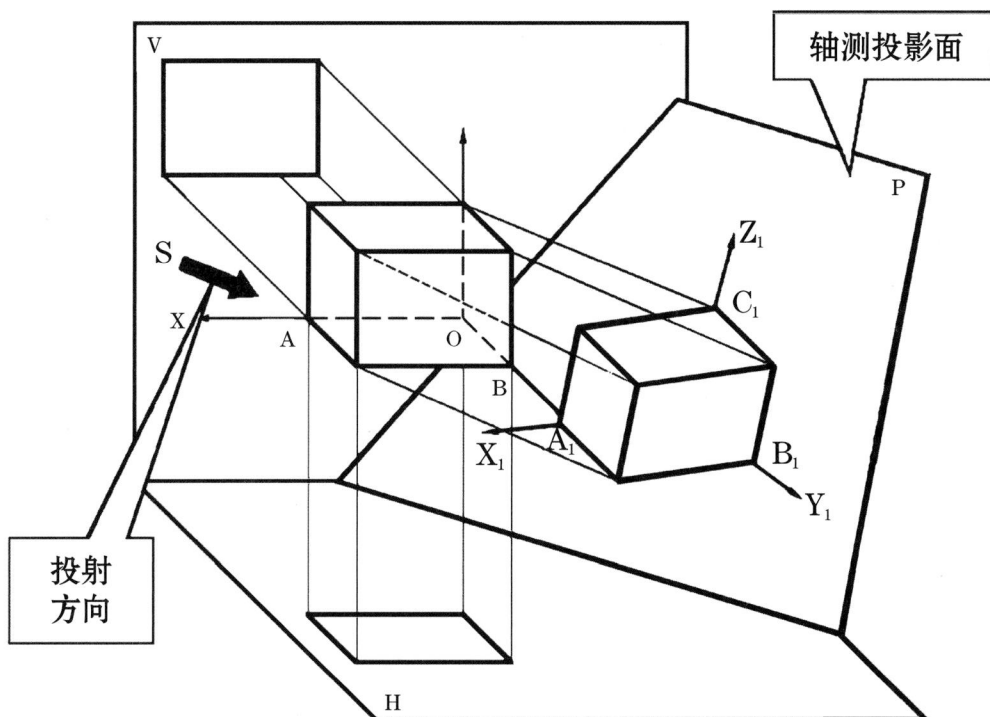

图6-2

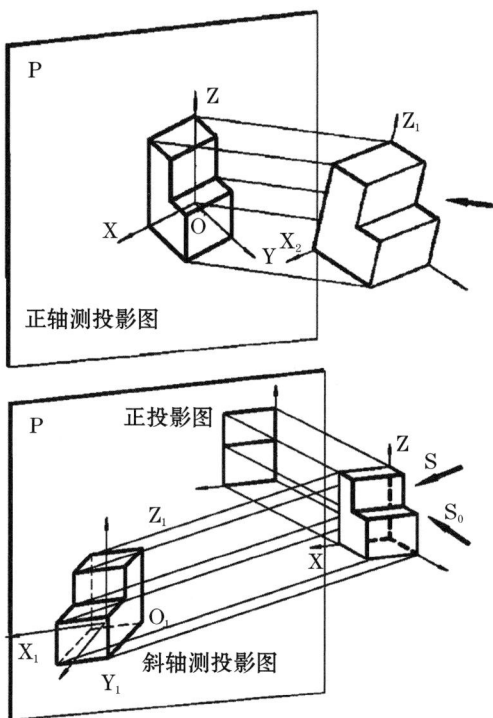

图6-3

从图6-2中我们可以了解到，空间坐标轴OX、OY、OZ在轴测投影面上得的轴叫做轴测轴，分别用O₁X₁、O₁Y₁、O₁Z₁表示。

（二）轴测投影的分类

在轴测图中，轴测投影中投射线与投影面垂直的称为"正轴测投影"，倾斜的称为"斜轴测投影"（图6-3）。

无论是正轴测图还是斜轴测图，当三个轴向的比率都相同时，称为"等测投影"，其中两轴向比率相同时，称为"二测投影"，三轴向比率均不相同时，称为"三测投影"。根据国家标准，我们在绘制产品轴测图时，使用得最多的是正轴测图中三个轴向的比率都相同的"正等轴测投影"，以及斜轴测图中有两个轴向的比率都相同的"斜二等轴测投影"。轴测图关系列表如图6-4所示。

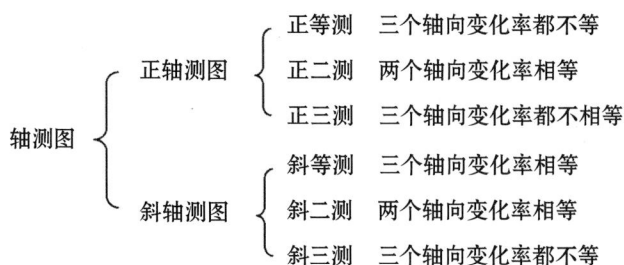

图6-4

（三）轴测投影的性质

当我们研究轴测投影的性质时，需要了解以下几个概念：

1. 轴测轴：空间坐标轴OX、OY、OZ在轴测投影面上得的轴叫做轴测轴，分别用O_1X_1、O_1Y_1、O_1Z_1表示。

2. 轴间角：指两个轴测轴之间的夹角，如$\angle X_1OY_1$、$\angle Y_1OZ_1$、$\angle X_1OZ_1$。在各种轴测图中，由于空间坐标轴与轴测投影面的夹角不同，以及投影方向的不同，导致了轴间角的大小与轴测轴的位置也不尽相同。

3. 轴向伸缩系数：指轴测轴上的单位长度与相对应的坐标轴上的单位长度之比。由于空间坐标轴与轴测投影面成倾斜位置，因而在轴测图中轴测轴的长度相较于对应的坐标轴会缩短。

如图6-5所示，X轴轴向伸缩系数：$p=OA/O_1A_1$，Y轴轴向伸缩系数：$q=OB/O_1B_1$，Z轴轴向伸缩系数：$r=OC/O_1C_1$，其中$0<p, q, r<1$。

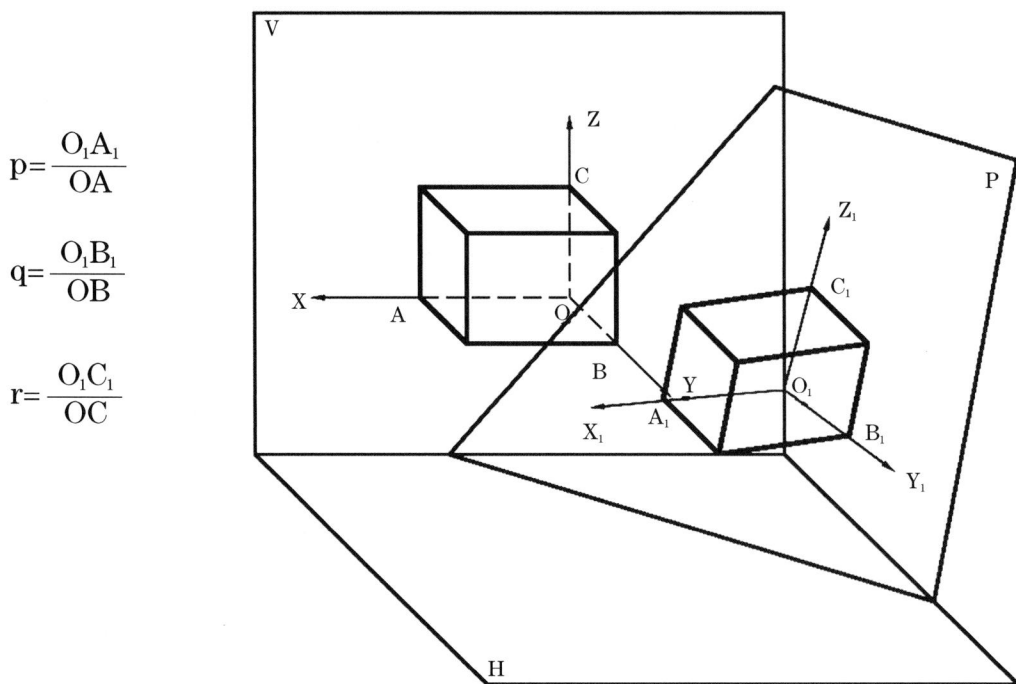

$$p=\frac{O_1A_1}{OA}$$

$$q=\frac{O_1B_1}{OB}$$

$$r=\frac{O_1C_1}{OC}$$

图6-5

4.轴测平行性：空间中平行的两条直线，它们的轴测投影相互平行。空间中平行于坐标轴的直线，其轴测投影平行于相应的轴测轴。

5. 轴测度量性：已知OX，OY，OZ与O_1X_1、O_1Y_1、O_1Z_1平行，轴向伸缩系数已定，当我们知道与轴测轴平行线段的长度时，就可以求得该线段在轴测轴方向上的长度。需要注意的是，只有当线段与轴测轴平行的时候，它的伸缩系数才与相应轴向的伸缩系数相同。

二、正等轴测投影的画法

在产品设计与制图中，使用得最多的是正等轴测投影图，下面我们来详细了解其规律。

正等轴测投影是指将空间形体及其坐标轴，放置成与轴测投影面具有相同的夹角，用正投影的方法进行投影所得到的图形。

正等轴测投影图的夹角都相等，均为120°。

正等轴测图的3轴伸缩系数均相等，p为O_1X_1轴上的伸缩系数，q为O_1Y_1轴上的伸缩系数，r为O_1Z_1轴上的伸缩系数，有p=q=r=0.82，为了便于制图，我们采用简化的伸缩系数，p：q：r=1，将其同倍放大1.22，这样做既能够节省作图时间，又不影响立体感的表达（图6-6）。

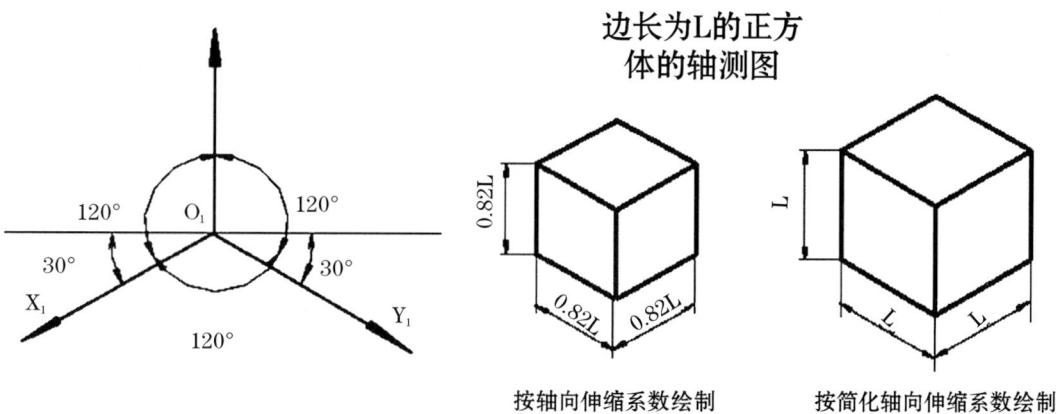

边长为L的正方体的轴测图

按轴向伸缩系数绘制　　　按简化轴向伸缩系数绘制

图6-6

（一）平面立体正等轴测投影的画法

绘制平面立体的正等轴测投影图时，首先应该根据物体的形状特征选择恰当的坐标轴，然后画出其对应的正等轴测轴，最后按照坐标关系，将物体上各点的正等轴测投影依次标出，将它们连接起来便得到整体的正等轴测投影图。

图6-7为六棱柱的正等轴测投影图的绘制步骤。为了便于作图，我们将坐标轴的中心定于底面六边形的中心，这样有利于确定顶面角点的坐标，而且也避免了绘制一些不必要的线条。

图6-8为三棱锥的正等投影轴测图，为了便于作图，我们将坐标原点定在底面的C点处，使AC与

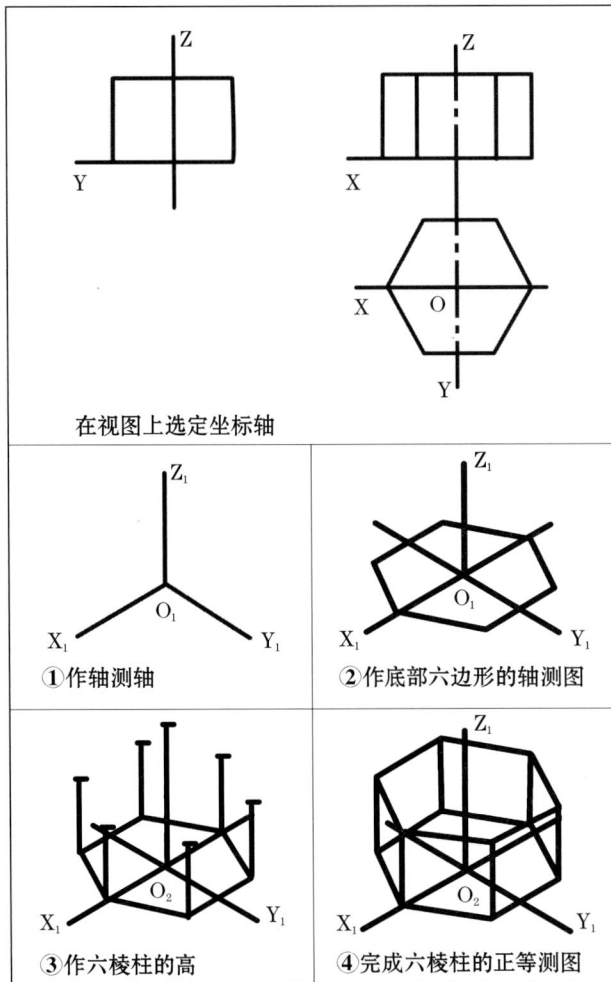

在视图上选定坐标轴

① 作轴测轴

② 作底部六边形的轴测图

③ 作六棱柱的高

④ 完成六棱柱的正等测图

图6-7

OX轴同一方向重合,这样在正等轴测投影图中的A_1C_1自然与O_1X_1相同方向并且重合。

从以上的作图步骤中不难发现,在绘制正等轴测投影图的时候,坐标轴以及轴心的选定非常重要,如果选择得好,能够使作图快速简洁。我们尽量使平面立体的中心点、对称轴或其中的某一条或两条边与坐标轴的中心和坐标方向重合。

(二)回转体正等轴测投影的画法

在绘制回转体的正等轴测投影图时,首先要弄清圆所在的平面和坐标平面。在正等轴测投影图中,圆形的表面都会发生斜变,成为椭圆形。图6-9为三个坐标面上的圆的正等轴测投影图,它们是相同的三个椭圆,大小完全相等。按照简化以后的伸缩系数比值画轴测图时,椭圆的长轴为原来圆形直径的1.22倍,短轴为原来圆形直径的0.7倍。

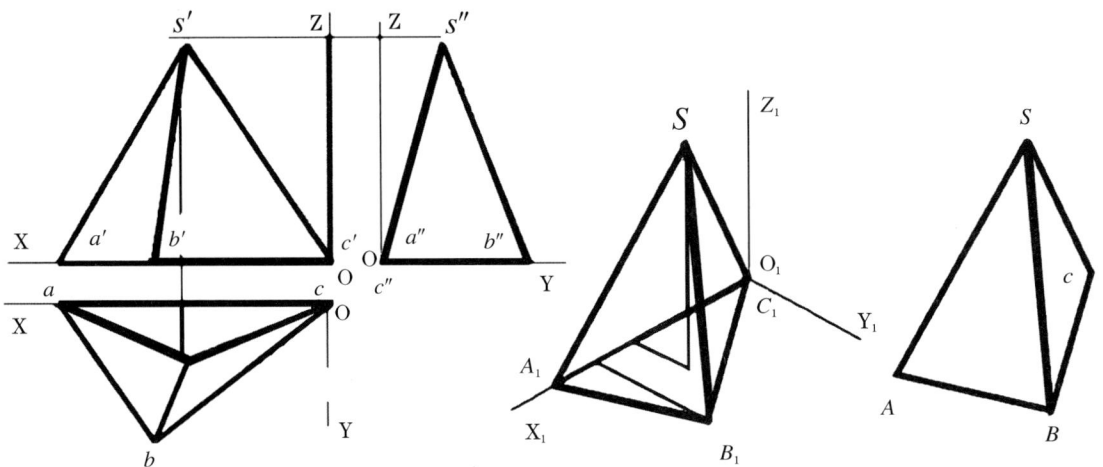

图6-8

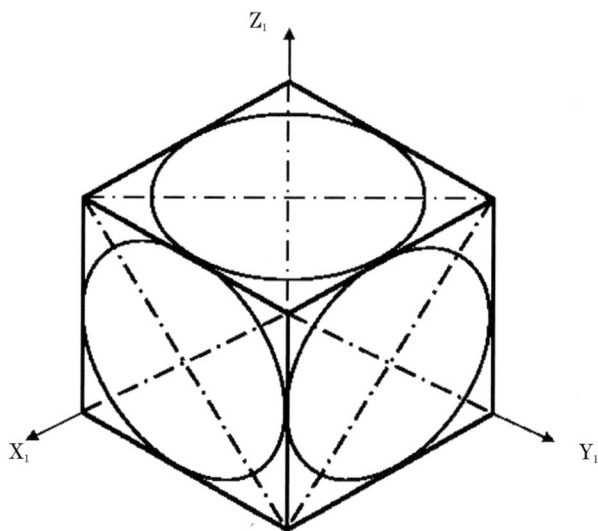

图6-9

绘制圆形的正等轴测投影，可以采用菱形法，即首先在轴测投影图中画出圆的外接菱形，再通过菱形来确定椭圆的四个顶点和半径，最后连接四个顶点分别画出四段彼此相切的圆弧。图6-10是平行于H面的圆形的正等轴测投影图。

当我们知道了怎样绘制圆形的正等轴测图以后，对于回转体的正等轴测投影图的绘制就能够迎刃而解了。只要先把物体圆形面的正等轴测投影绘制出

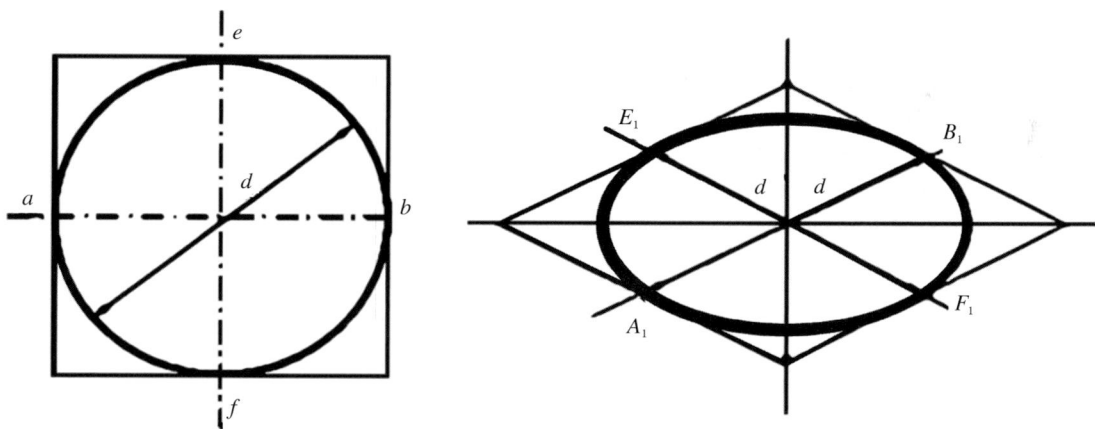

图6-10

来，然后再作直线段的正等轴测投影，最后将各个轴测顶点依次连接起来即可。图6-11为圆柱的正等轴测投影图。

圆台的正等轴测投影图画法同上，如图6-12所示。

（三）倒圆角物体正等轴测投影的画法

在日常生活中我们可以发现，很多产品虽然看上去感觉是一个方方正正的平面立体，但是它的角

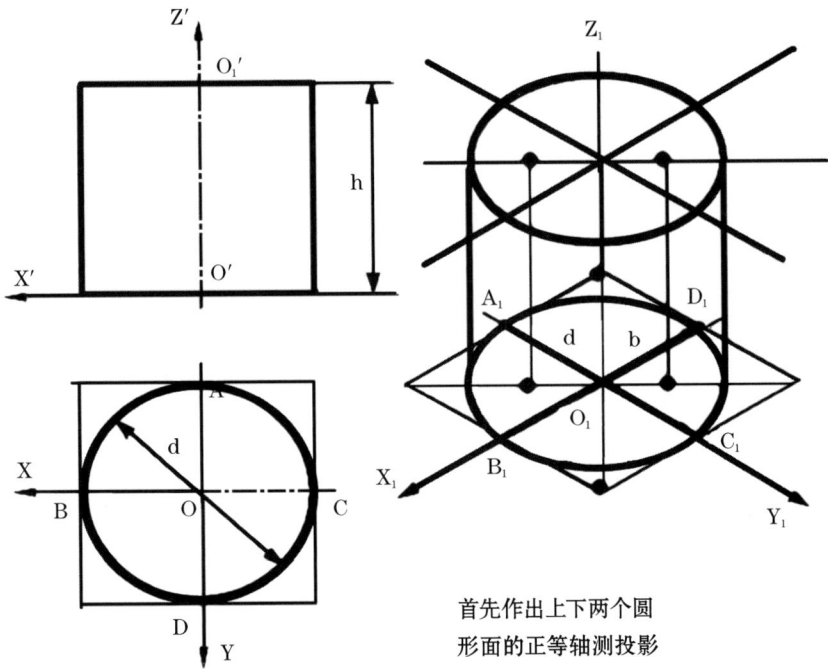

首先作出上下两个圆
形面的正等轴测投影

图6-11

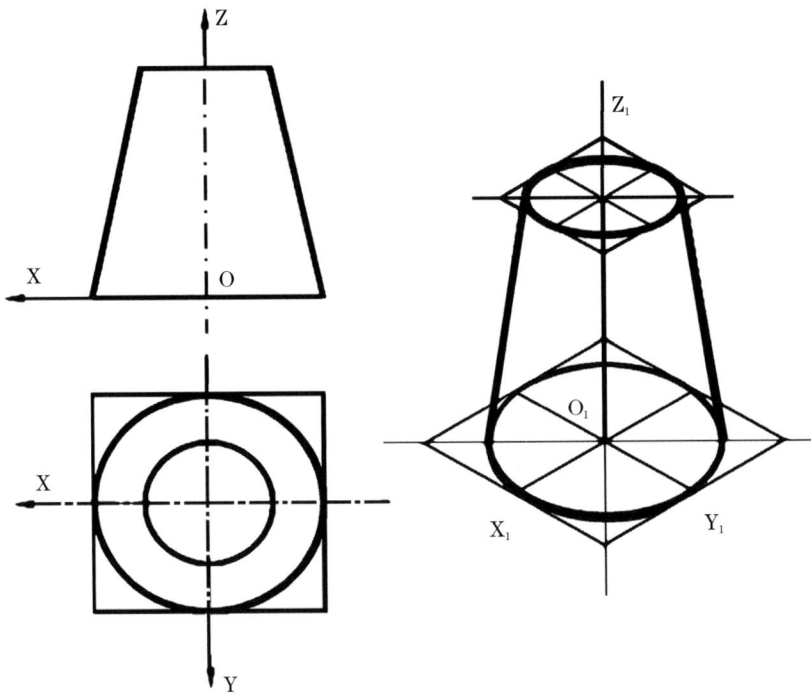

图6-12

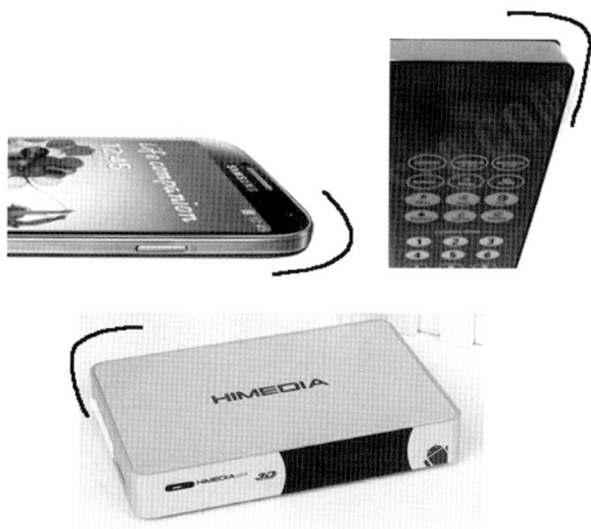

图6-13

都不是方角,而是经过了打磨处理的圆角,这样做既能增加产品外观的美感度,又能避免对人体的意外伤害。图6-13就是一些圆角产品的示例。

　　绘制产品圆角的正等轴测投影时,我们可以采用"减法"运算,首先在坐标面中标出圆角的切点、切线和半径,接着画出方角的正等轴测投影图,沿着方角的两边分别截取半径得到切点的正等轴测投影图,最后用圆规把切点连接起来后再擦掉方角的连线,这样就得到了标准的圆角正等轴测投影图。绘制步骤如图6-14所示。

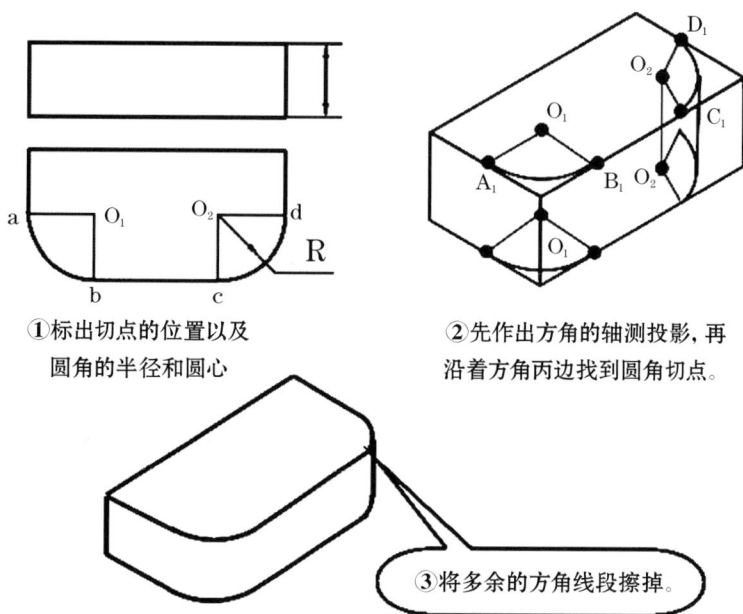

①标出切点的位置以及
圆角的半径和圆心

②先作出方角的轴测投影,再
沿着方角丙边找到圆角切点。

③将多余的方角线段擦掉。

图6-14

(四)组合体正等轴测投影的画法

在绘制组合体的正等轴测投影视图时,由于物体的造型变得复杂起来,叠加、切割等不规则面的出现使得我们需要采用更多的方法来灵活处理各种情况,下面就介绍几种最常见的组合体正等轴测投影的画法。

1. 叠加法:当组合体可以被分成若干个基本几何体的时候,可以先将基本几何体的正等轴测图按照其各自的相对位置画出,进而间接完成整体正等轴测图。叠加法作图步骤如图6-15所示。

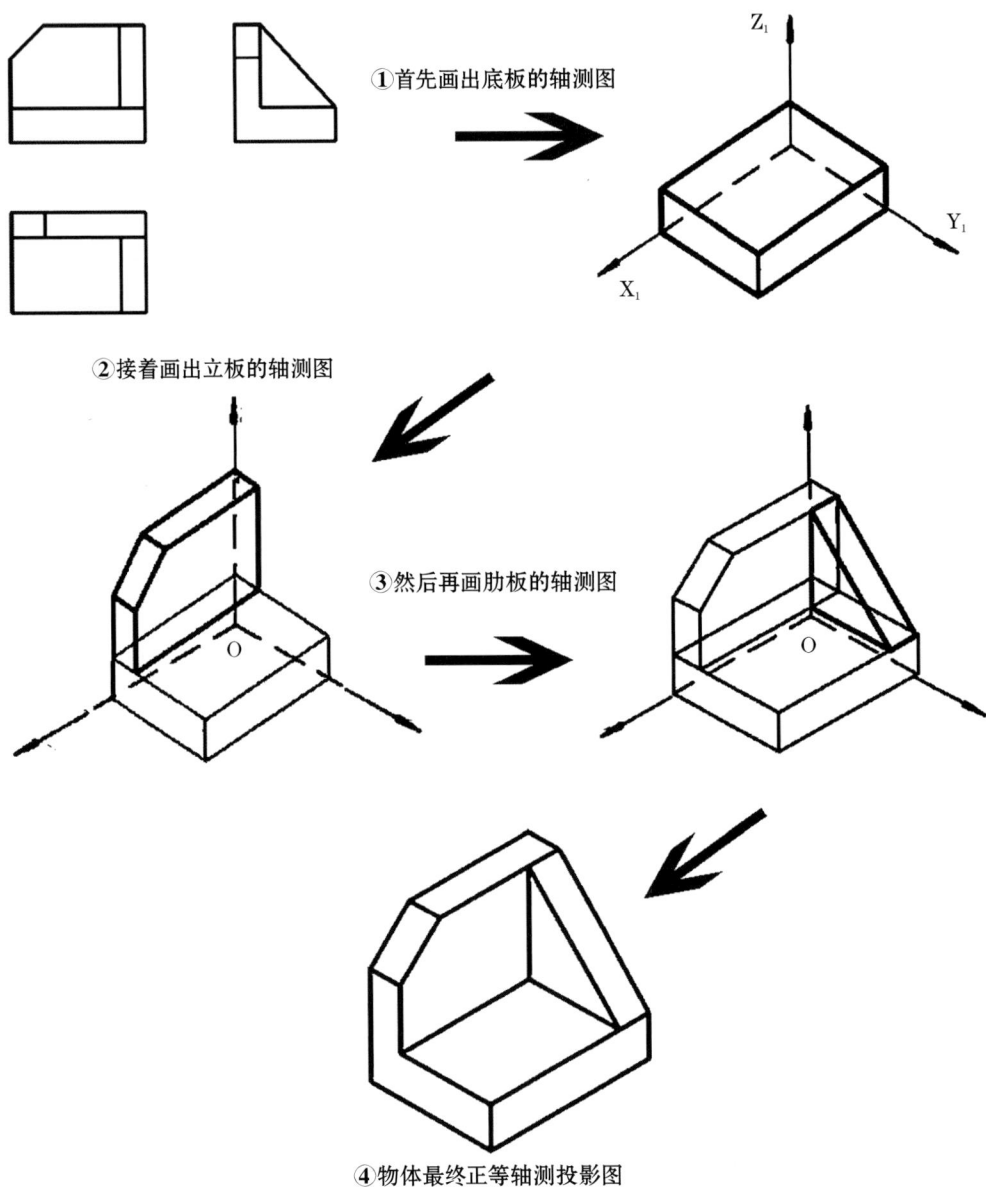

①首先画出底板的轴测图

②接着画出立板的轴测图

③然后再画肋板的轴测图

④物体最终正等轴测投影图

图6-15

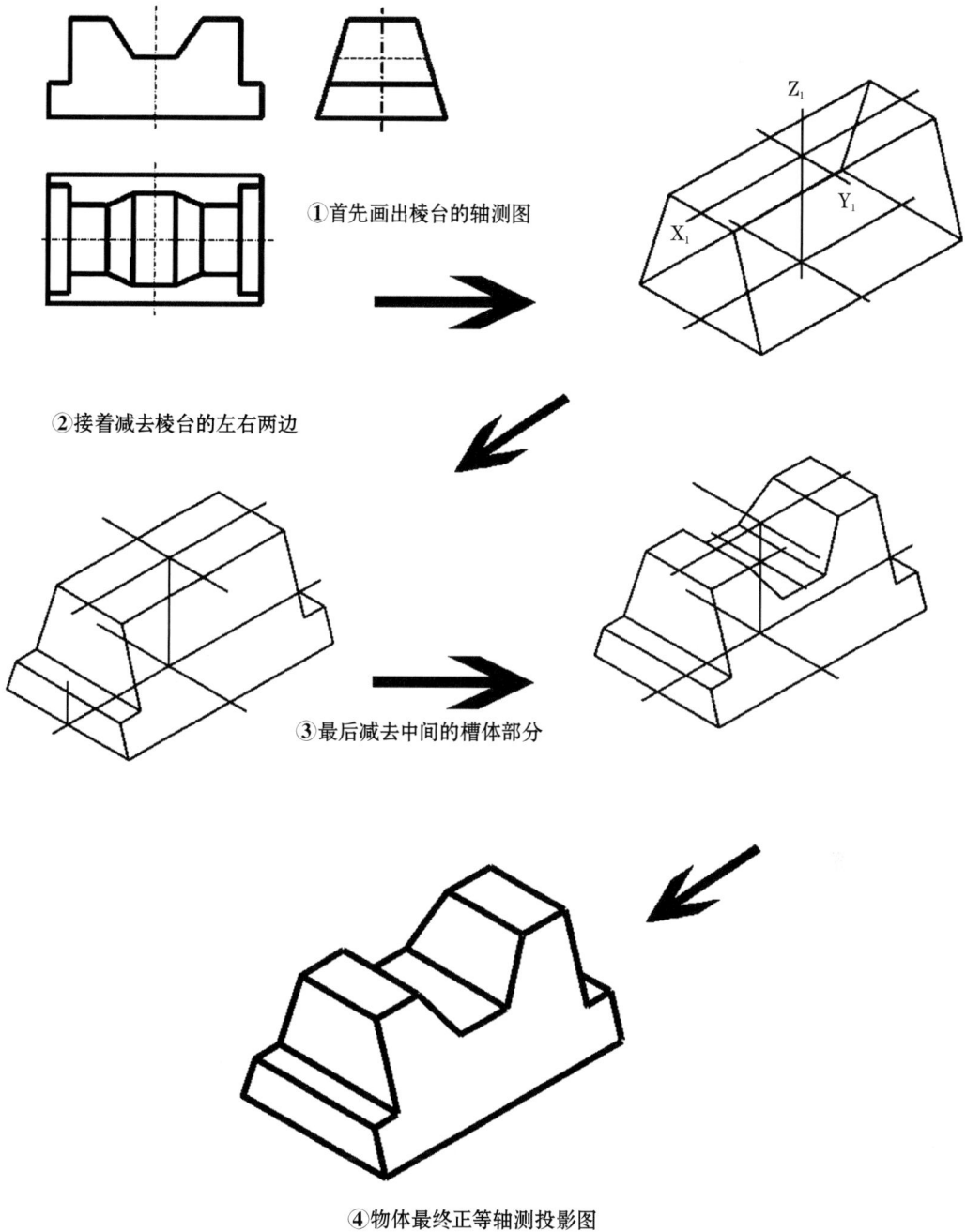

①首先画出棱台的轴测图

②接着减去棱台的左右两边

③最后减去中间的槽体部分

④物体最终正等轴测投影图

图6-16

2. 切割法：当组合体的外形可以用在基本几何体的形态上切割掉部分体块的方法得到时，可以采用切割法来绘制这些组合体的正等轴测投影视图。首先出完整的基本几何体，然后按照其结构特点按照顺序逐次减去多余的部分，最终完成形体的轴测图。切割法作图步骤如图6-16所示。

3. 综合法: 将叠加法与切割法综合起来绘制组合体的正等轴测投影视图叫做综合法, 在综合法中我们既能将组合体分解为基本几何体, 也能将分解后的基本几何体进行切割。综合法作图步骤如图6-17所示。

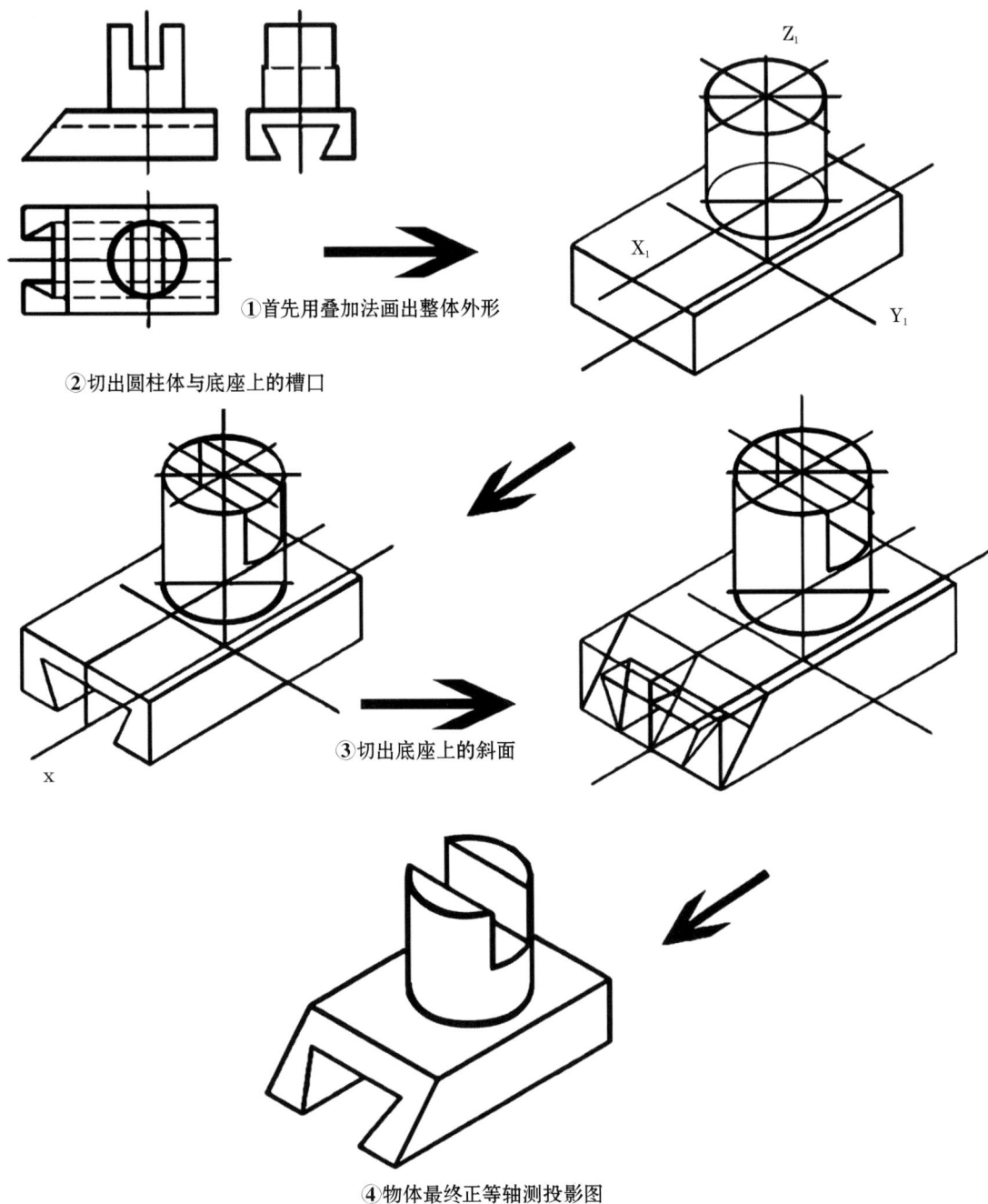

①首先用叠加法画出整体外形

②切出圆柱体与底座上的槽口

③切出底座上的斜面

④物体最终正等轴测投影图

图6-17

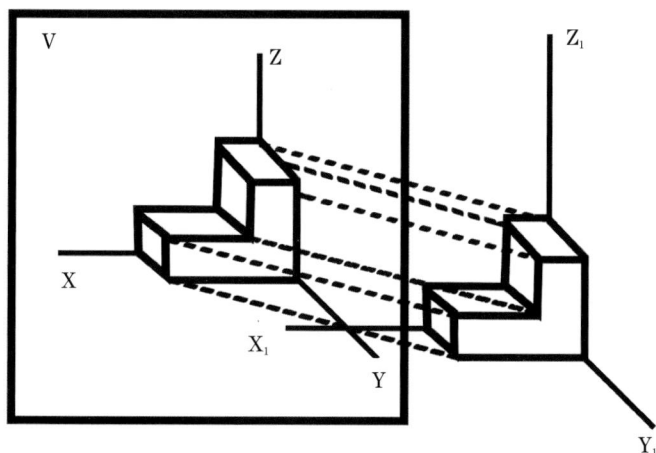

图6-18

三、斜二等轴测投影的画法

在产品设计与制图中，斜二等轴测投影是除了正等轴测投影以外用得最多的画法，与正等轴测投影相比，斜二等轴测投影有其独特的优点，下面我们就来作深入的了解。

斜二等轴测投影是指将空间形体的坐标面XOZ，放置成与轴测投影面平行，用斜角投影的方法进行投影所得到的图形。

斜二等轴测投影中凡是与V面平行的图形，反映在X_1OZ_1面上的轴测投影均为其原形，如图6-18所示。利用这一优点，当物体的某个面上具有较复杂的形状时，可以将这个面的投影选为V面投影，即将物体放置成与XOZ坐标面平行的位置，可在斜二轴测投影图的X_1OZ_1面上表达出该复杂面的直观形态，这样一来不仅能够产生较强的立体感，同时也能使作图变得简便。

斜二等侧轴测投影图的夹角为$\angle X_1OY_1 = \angle Y_1OZ_1 = 135°$、$\angle X_1OZ_1 = 90°$。如图6-19所示。

斜二等轴测投影在O_1X_1与O_1Z_1上的轴向伸缩系数相等，设p为O_1X_1轴上的伸缩系数，r为O_1Z_1轴上的伸缩系数，则有p=r=1。O_1Y_1上的轴向伸缩系数为O_1X_1与O_1Z_1上的轴向伸缩系数的一半，设q为O_1Y_1轴上的伸缩系数，q=0.5。斜二等轴测投影轴向系数比例说明如图6-20所示。

图6-21是一个四棱台的斜二等轴测投影的绘制过程，在图中清晰地展现出了斜二等侧图形成的过程与参数。

再来看一个端盖的斜二等轴测投影的绘制，在绘图时考虑到端盖的形状特点由同一方向上相互平行但是大小不一圆柱相互叠加而成，如果选用正等轴测图来表达立体效果，则要绘制很多的椭圆形，使作图步骤显得繁琐复杂。所以我们采用斜二轴测图来画立体效果，作图时使端盖上所有的圆面都平行于坐标面XOZ，这样在$\angle X_1OZ_1$面上即能反映出各个圆面的实际大小。具体作图方法和步骤如图6-22所示。

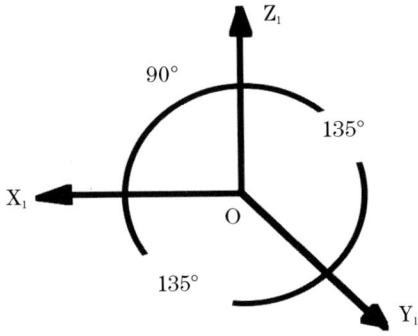

图6-19

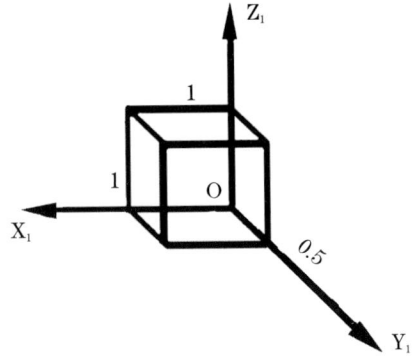

图6-20

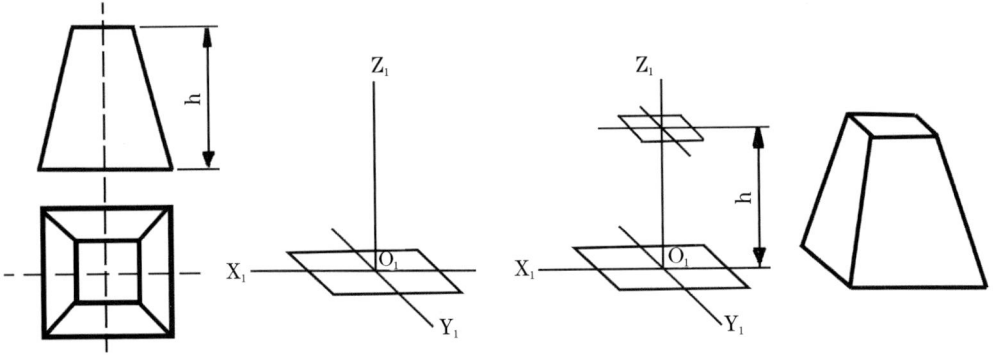

图6-21

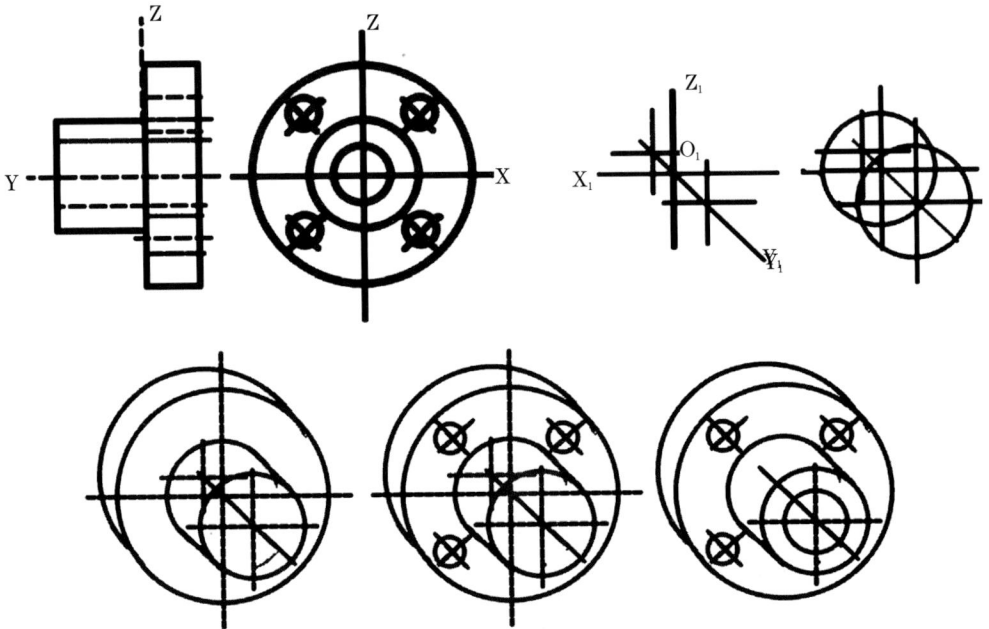

图6-22

徒手绘制八等分线段　　　　　　　　　徒手绘制五等分线段

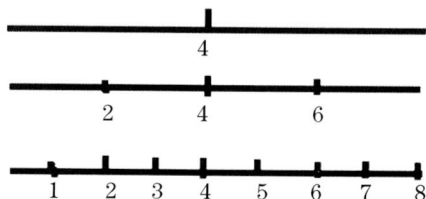

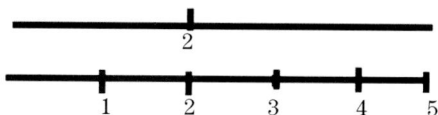

图6-23

四、轴测草图的画法及注意事项

轴测草图是指不借助制图仪器及工具，仅依靠目测估算物体各部分的相应大小，然后使用铅笔徒手画出的轴测图。在学习与工作中，由于不受条件限制，轴测草图以其灵活快捷的特点发挥着较强的实用价值，我们常常使用轴测草图来快速表现产品的形状和大小，在与客户交流的时候，轴测草图能够帮助我们讨论、想象、快速修改和记录不同的构思。

轴测草图虽然不如用制图仪画出的精确，但绝不是潦潦草草的图，仍然是符合国家标准的图，只不过是没有使用仪器绘制罢了。要使画出的轴测草图达到较高的质量，除了各部分大小的相应比例要合理外，所反映的物体基本结构形状要达到真实明显，轮廓图线均匀流畅外，还要掌握一些重要的技巧，下面进行一一详述。

（一）线条的草绘

在徒手画直线时，可以不将图纸固定死，以便随时可将图纸调整到画线最为顺手的位置，每条图线最好一气呵成，对于较长的直线也可用数段连续的短直线相接而成。

接着要绘制等分线段，比如八等分线段，先目测得到中点4，再取等分点2、6，最后画出其余等分点1、3、5、7。再比如五等分线段，先目测以2:3的比例将线段分成不相等的两段，然后再将较短的一段平均分成两段，较长的一段平均分成三段。如图6-23所示。

（二）常见角度的草绘

要准确地画出轴测轴的的位置，除了要能画出比较直的线条以外，还应该能够较熟练的绘制出正等轴测、斜二等轴测视图中经常使用的角度。比如正等测轴测轴OX、OY与水平线成30°角，可利用直角三角形两条直角边的长度比定出两端点，连成直线。在画斜二轴测图时，可以将半圆弧二等分或三等分得到45°和30°斜线。角度的徒手绘制方法如图6-24所示。

（三）常见几何形的草绘

1. 圆的画法：首先确定圆心的位置，然后过圆心作两条相互垂直的线条，接着在这两条垂直线上按照圆的半径大小定出四个点，两两相连得到四分之一圆弧，四条圆弧首尾相接成圆。当然也可以过四

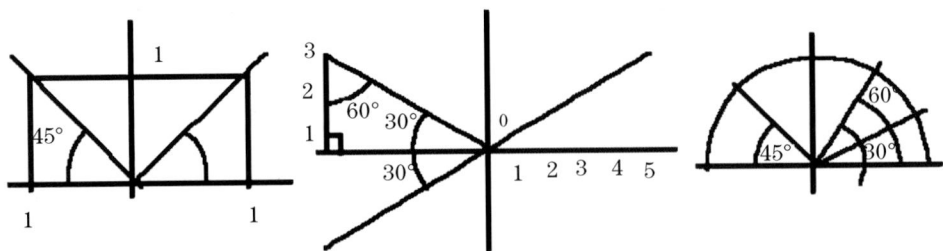

图6-24

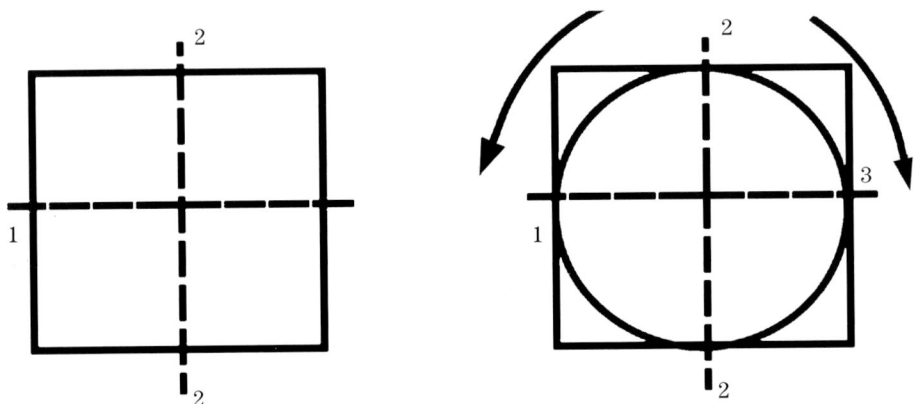

过四点画圆

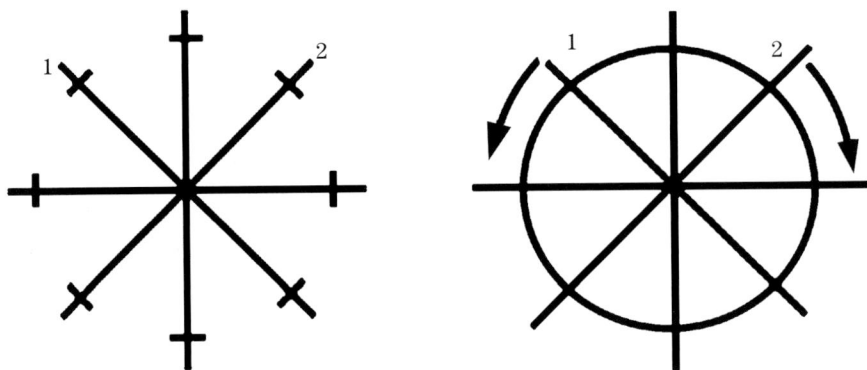

过八点画圆

图6-25

点先作正方形为参照物,再作其内切圆的四段弧。如图6-25所示。

当绘制的圆直径比较大时,可以过圆心再画两条45°斜线,并在斜线上截取圆的半径得到四点,即过八点画圆。过八点画圆比过四点画圆更加准确。以此类推,如果想要徒手绘制的圆形更加准确,可以将圆周分得更细,得到的圆弧自然也就越短越多。

2. 椭圆的画法：和绘制正圆一样，也是要先确定椭圆的圆心，然后通过圆心作交叉线，相交的两条线不一定要互相垂直，重点是在交叉线上按长短轴标记好四个点，作四边形，再画出四段椭圆弧。当需要绘制较大的椭圆时，可以先画出平行四边形，并加取四个点来辅助定位。如图6-26所示。

3. 正三角形的画法：首先画两条相交的轴测轴，在其中一条轴上截取OA=OA′，将OA分为五等份。在另外一条轴上将OB分为三等分，并将AA′平行移动至OB段的第三等分点。在OB的反方向截取OB′=2OB，至此可得正三角形的轴测草图。如图6-27所示。

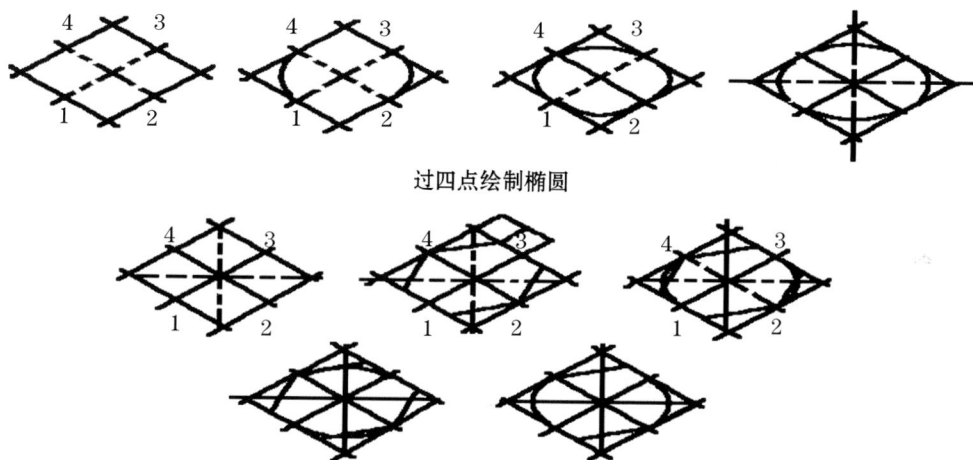

过四点绘制椭圆

图6-26

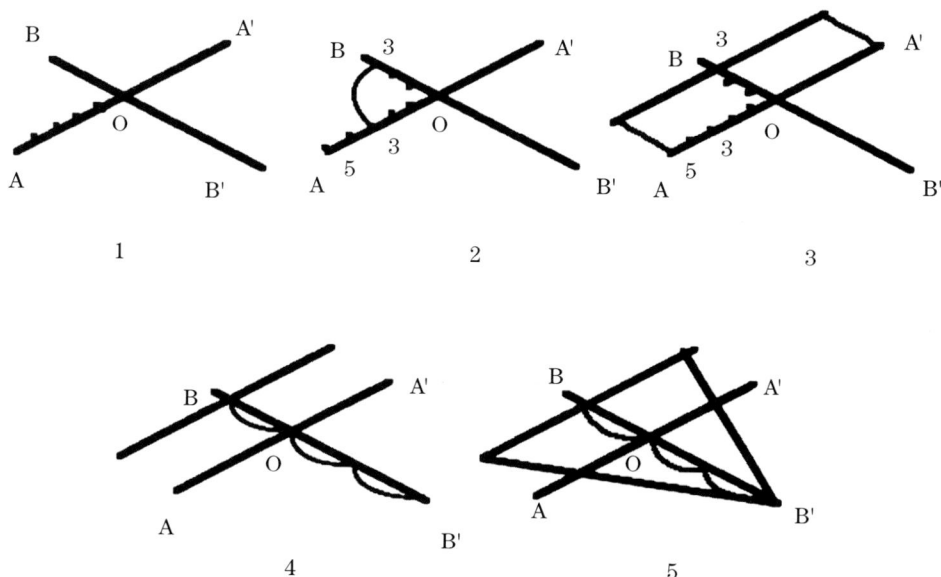

图6-27

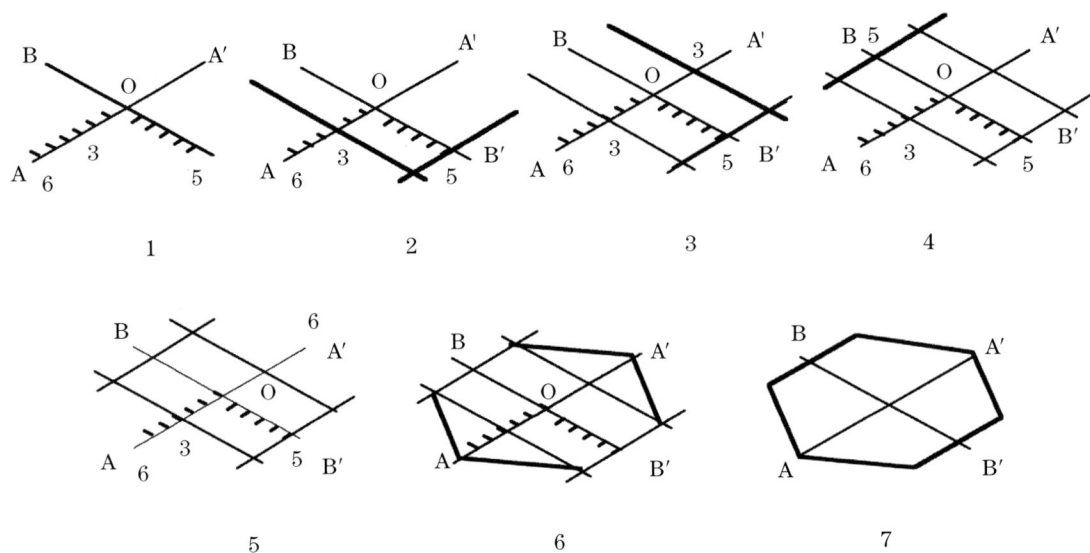

图6-28

4. 正六边形的画法: 首先画两条相交的轴测轴, 在其中一条轴上截取OA=OA′, 将OA分为六等份。在另外一条轴上截取OB′=OB, 并且将OB′分为五等份。过OA的第3等分点作AA′的平行线, 过OB′的第五等分点做B′B的平行线, 再利用对称性绘制其余的线条。如图6-28所示。

(四)轴测草图画法举例

图6-29是一个六角螺栓(螺纹除外)的正等轴测草图的画法。

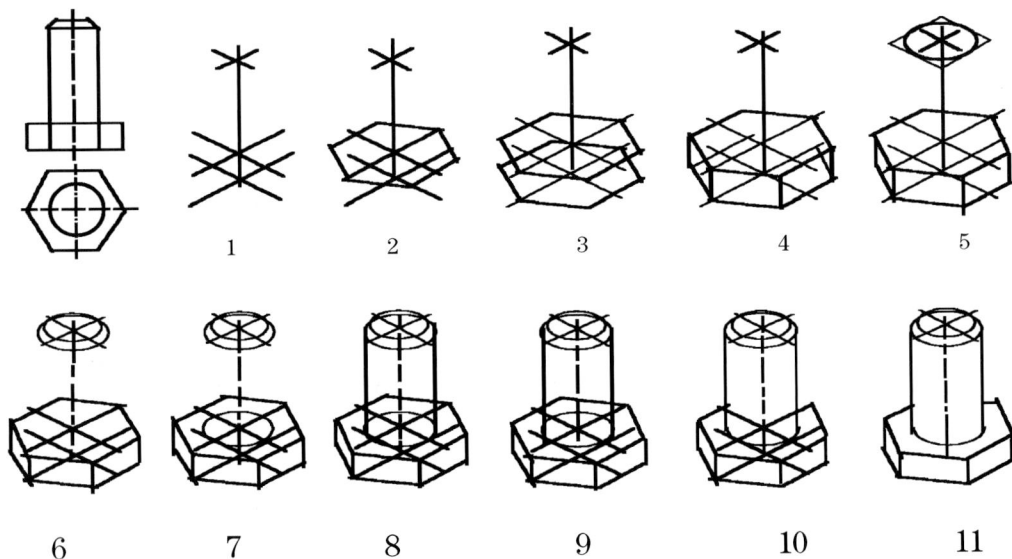

图6-29

当我们的手绘技法相对熟练之后,可以采取更加灵活的方式来绘制各种产品及其部件的轴测效果图。图6-30就是采用切割法得到一个接头的正等轴测草图。在画图的过程中先画出接头没有掏空圆洞和倒圆角时的效果,再根据平行于坐标面的圆均为椭圆,以椭圆的外切菱形为辅助切出椭圆。

综合练习与思考

1. 轴测图为什么有较强的立体感,它与物体的三面投影视图以及透视图有什么区别?

2. 什么是轴向轴向伸缩系数?正等轴测投影与斜二等轴测投影的轴向伸缩系数有什么不同?

3. 根据图6-31至图6-33的物体的三视图分别画出其正等轴测投影视图。

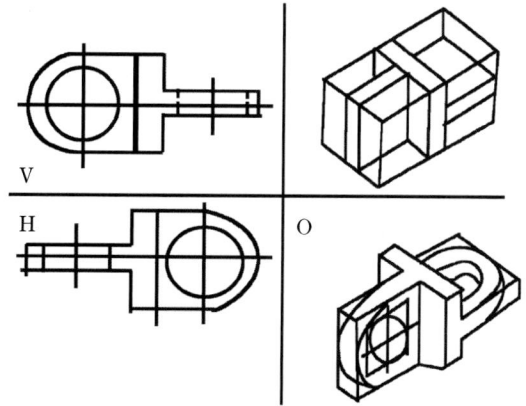

图6-30

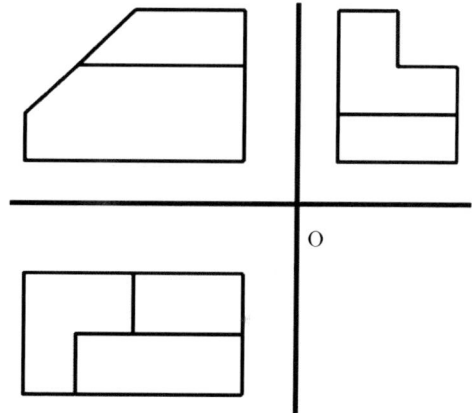

图6-31

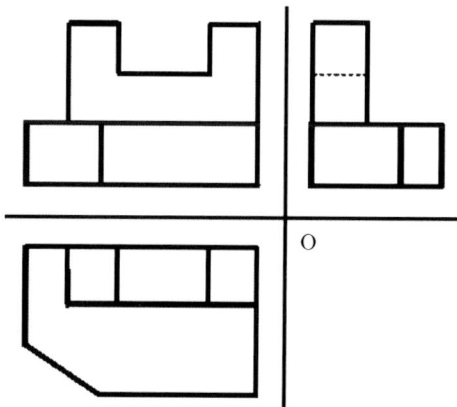

图6-32

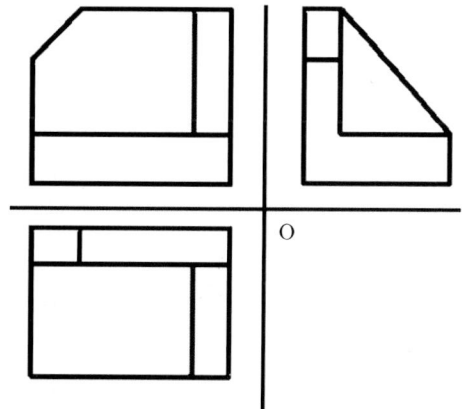

图6-33

4. 根据图6-34至图6-36的物体的三视图分别画出其斜二等轴测投影视图。

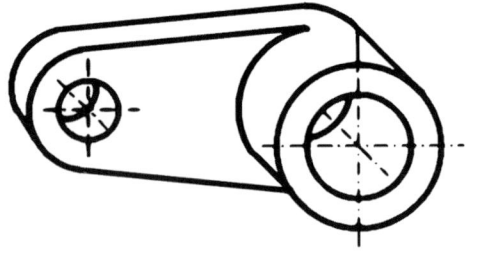

图6-34

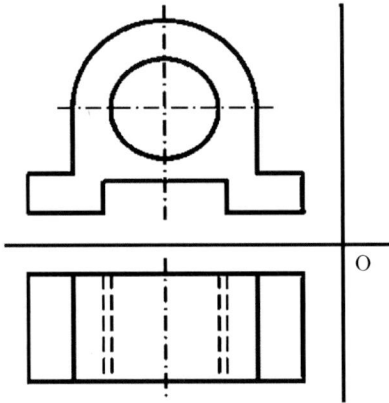

图6-35

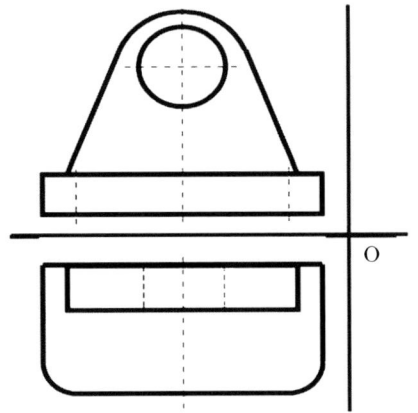

图6-36

第七章　截断体与相贯体的投影

一、截断体的特点

机器上大多数零件往往不是一个完整的几何体，有些零件是由平面截断基本几何体形成。我们把截断后的任一部分称为截断体，如图7-1所示。用来截断几何体的平面叫做截平面，同时存在于截平面和几何体上的交线叫做截交线，而截交线围成的图形称为截断面，也就是截平面与与几何体相接触的那一部分平面图形。

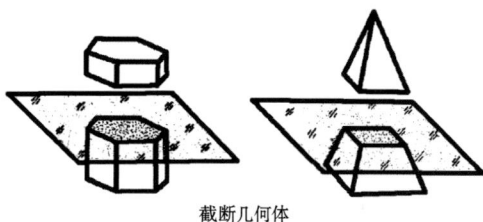

截断几何体

图7-1

这里需要区分的是截平面与截断面的区别，俗话说"一字之差，天壤之别"，截平面是无限的平面，而截断面是有边界的平面图形。截交线是几何体表面和和截平面上的共有线，而共有线是由一系列共有点所组成。截断体的画法关键在于掌握截交线的画法，而截交线的画法在于可归结为求共有点的画法。

二、平面对平面立体的截断

截平面截隔平面几何体，截交线为封闭的多边形，它的形状、大小取决于平面几何体的形状、大小以及截平面的位置。

（一）平面对五棱柱的截断

图7-2是一个正五棱柱截断体的截交线的画法，在图中我们可以看出截平面与V面垂直，是一个正

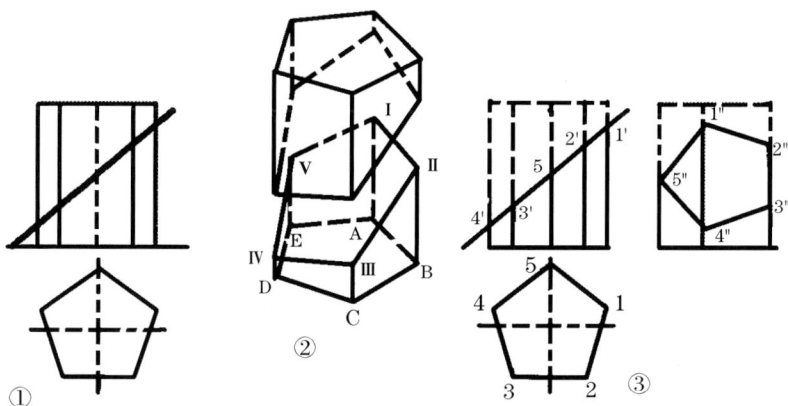

图7-2

73

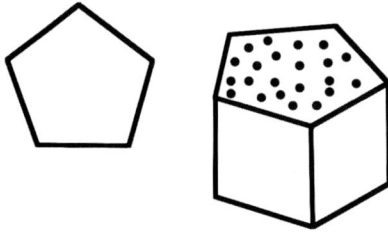

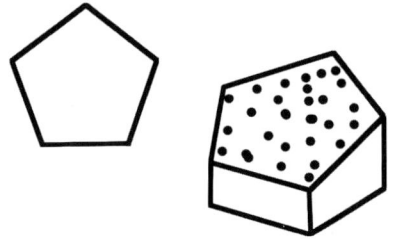

①水平面截断

②倾斜面截断

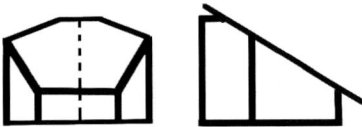

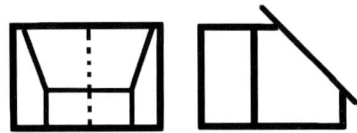

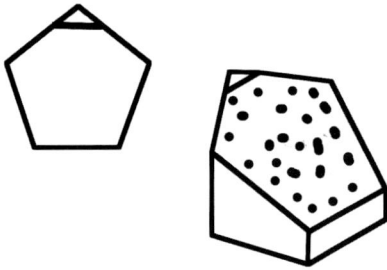

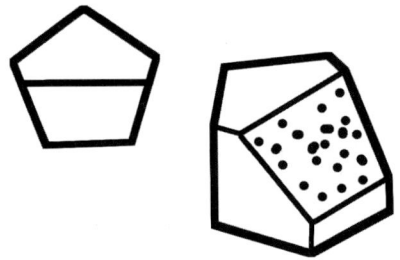

③截断四条棱

④截断两条棱

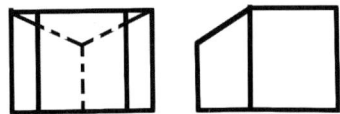

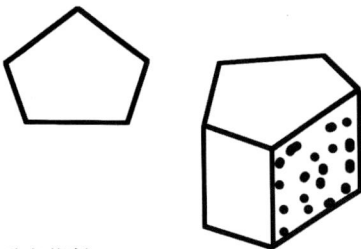

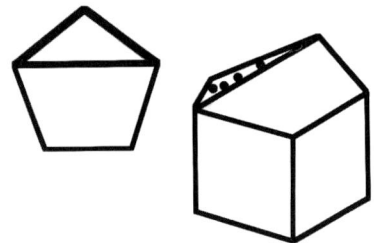

⑤垂直截断

⑥截断一条棱

正五棱柱截断体

图7-3

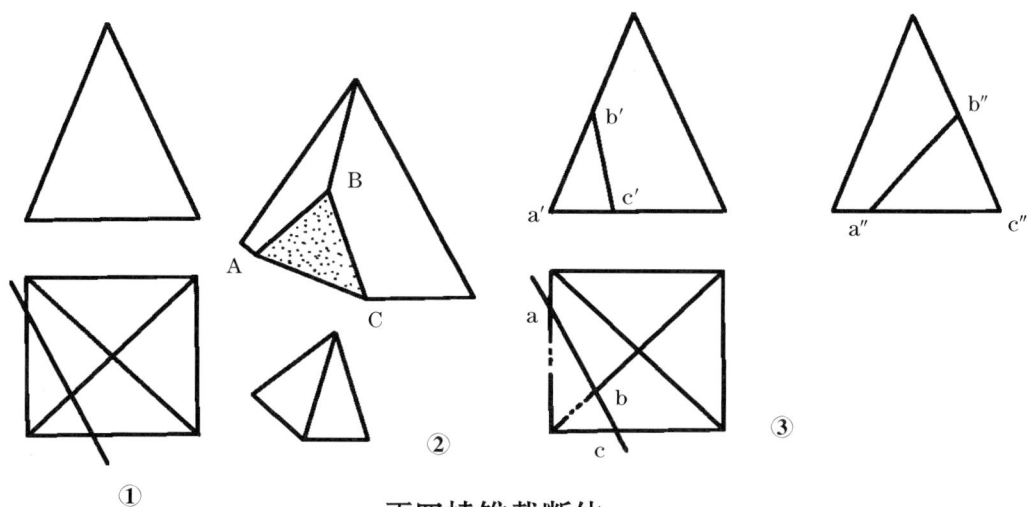

正四棱锥截断体

图7-4

垂面,因此截交线的V面投影和截断面投影相重合,在V面上聚集为一条斜线。H面的投影则与五棱柱各侧面的水平投影重合,也是正五边形。W面的投影看上去要难一些,但我们可以利用投影的基本规律标出截交线两两相交各点在W面的投影点,然后把它们依次连接起来,即可看出截断面在W面的投影也是一个五边形。

图7-3是一些正五棱柱被不同位置和角度的截平面截断后产生的截断面与截交线的效果。

(二)平面对四棱柱的截断

图7-4是正四棱锥截断体截交线的画法,其中截平面与H面垂直,是铅垂面;截交线在H面的投影与截断面的投影相重合,积聚为一条直线;V面和W面的投影分别为三角形。由于截交线各点是截平面与各棱边的交点,因此截交线各点在V、W面的投影,可按照求棱锥表面的方法求出。

图7-5是正四棱锥被不同位置截平面截断后,不同的截断面和截交线的情况。

三、平面对回转体的截断

平面对回转体的截断一般都为封闭的曲线形,由于截平面与回转体轴线的位置不同而产生各种不同形状的截断面,截断面由截交线围成,即为截平面与回转体相接触的那一部分图形。在求截交线的投影时,要充分把握截交线投影的特性,比如积聚性、类似性等,其关键在于分析截平面与投影面的相对位置关系。

同平面对平面立体的截断一样,平面对回转体的截断所形成的截交线也具有共有性,截交线同时存在于截平面和回转体上。

在绘制回转体的截交线的投影时,通常先求得特殊点的投影,再绘制出中间点的投影,接着依次光滑地连接各点并判断其可见性。

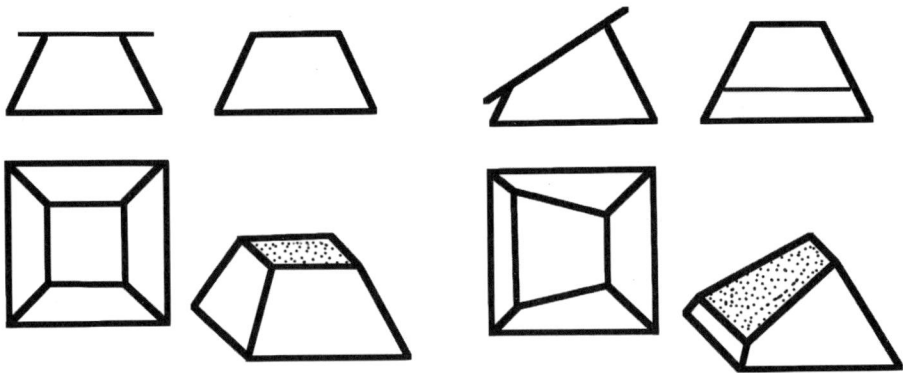

①水平截断　　　　　　　　②倾斜截断

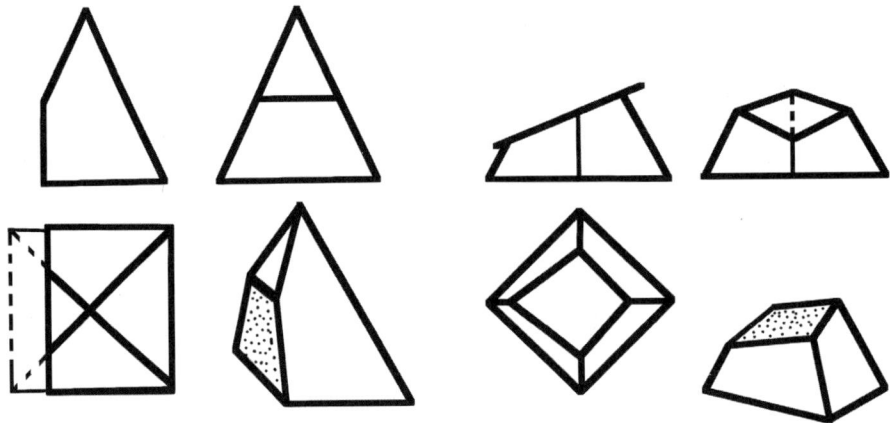

③垂直截断　　　　　　　　④斜截断

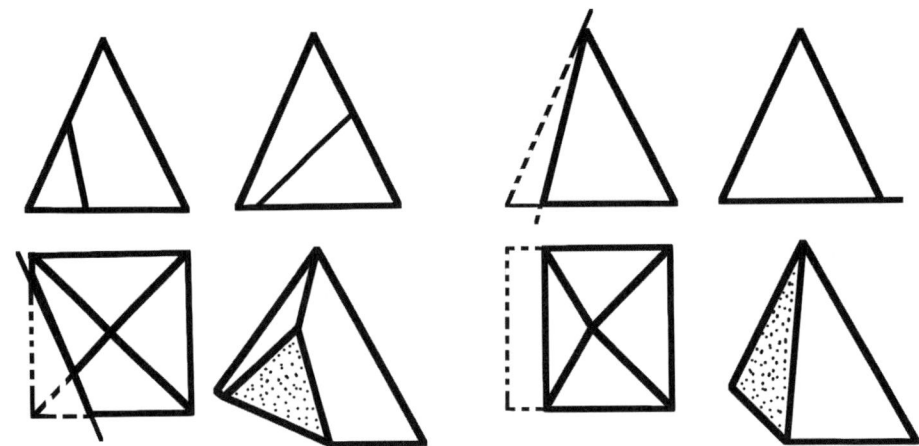

⑤铅垂面截断　　　　　　　⑥正垂面截断

图7-5

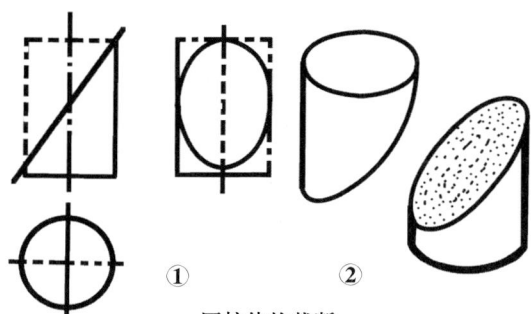

圆柱体的截断

图7-6

（一）平面对于圆柱的截断

图7-6是正圆柱被垂直于V面的截平面截隔后，其截交线的画法。截交线的正面投影与截平面重合，积聚为一条直线；H面投影与圆柱的圆周投影相重合，需要求出截交线W面的投影，按照两面投影求第三面投影的方法即可得出。

从图中可以看出，截交线在W面的投影为椭圆，截交线椭圆的长轴为正平线，它的两个端点在最高与最低的素线上；短轴是一条正垂线，它与长轴垂直，它的两个端点在最前和最后的素线上。因为短轴垂直于V面且平行于W面，所以它在W面的投影任然垂直于长轴的投影。长短轴求出以后，可以按照近似画法求出椭圆。

图7-7是四种不同位置的截平面截割圆柱时，不同的截断面和截交线的情况。

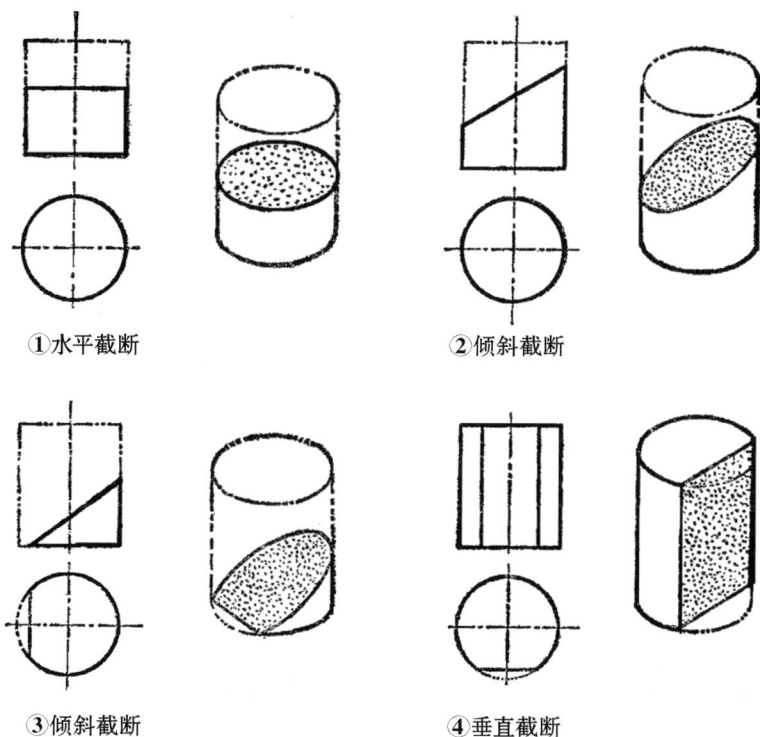

①水平截断　②倾斜截断

③倾斜截断　④垂直截断

圆柱截断体的各种截交线

图7-7

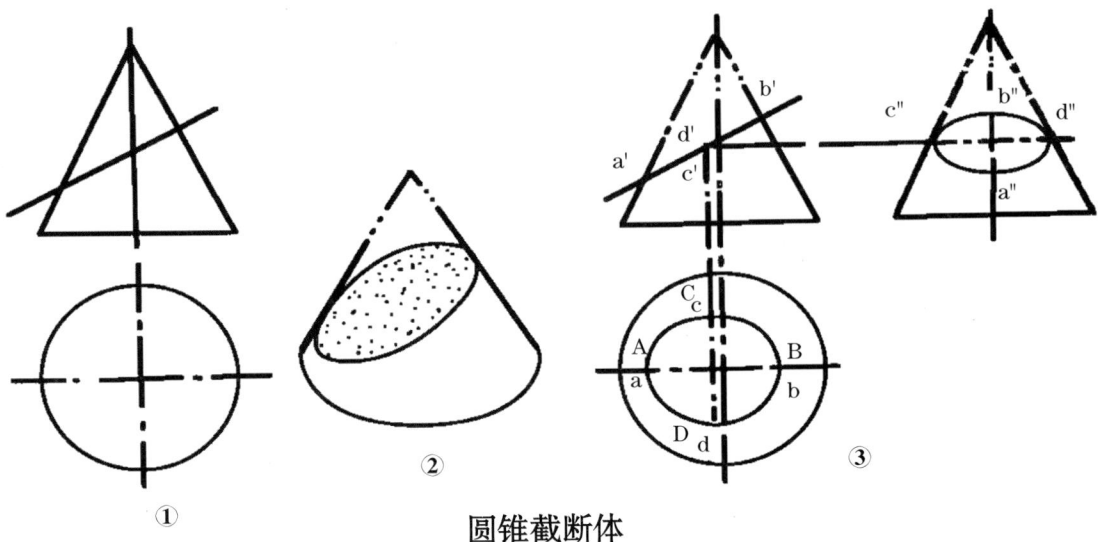

圆锥截断体

图7-8

（二）平面对于圆锥的截断

　　圆锥的截交线条的形状，随着截平面的位置不同而不同。图7-8为截平面是正垂面的时候与圆锥体相交的截交线的画法。圆锥所有的素线都会与截平面相交，截交线是椭圆。椭圆的V面投影和截平面重合，积聚为一条直线，重点则是分析出H、W的投影。从图中可以看出截断面椭圆的长轴AB为正平线，a′b′为实长；CD为短轴，是正垂线，这样AB、CD的H、W面投影也相互垂直，即ab⊥cd，a″b″⊥c″d″。而且ab、cd、a″b″、c″d″分别为椭圆截断面长短轴在H、W面上的投影。当我们求出椭圆的长短轴后，再根据近似画法补充中间的点，最后再将所有的点平滑的连接在一起得到截交线。

　　图7-9是不同位置截平面截割圆锥体以后所形成的截断面和截交线。

(三)平面对球体的截断

　　当我们用一个平面去截断球体时，无论截平面与球体是以何种角度相交，截断面的形状总是一个圆。当截平面与投影面平行时，截交线在该投影面上的投影即是截断面的实形；当截平面与投影面倾斜时，截交线的投影为一个椭圆。图7-10为截平面分别与H、V、W面平行的情况下所得到的投影。

四、相贯体的特点

　　在产品的生产过程中，我们经常会遇到一些部件是由两个或者两个以上的几何体相互贯穿而成，我们把这种几何体称做相贯体，其表面的交线叫相贯线。

　　由于相交的两个物体的形状、位置、大小以及交叉角度各不相同，所以相贯线的形状也有所不同。但是，不论在什么情况下，相贯线都具有以下的共性：

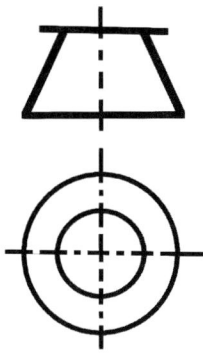
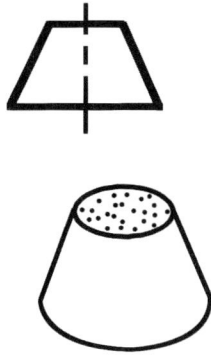

①水平截断

②倾斜截断

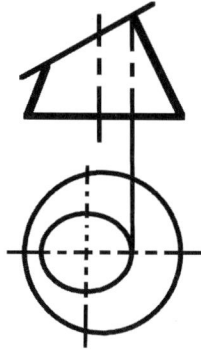
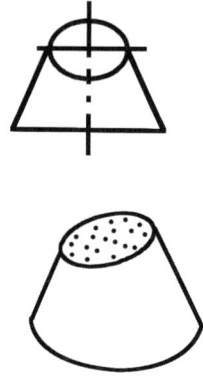

③倾斜截断

④平行索线截断

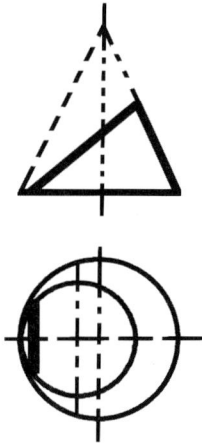

⑤垂直截断

⑥通过圆锥顶部截断

图7-9

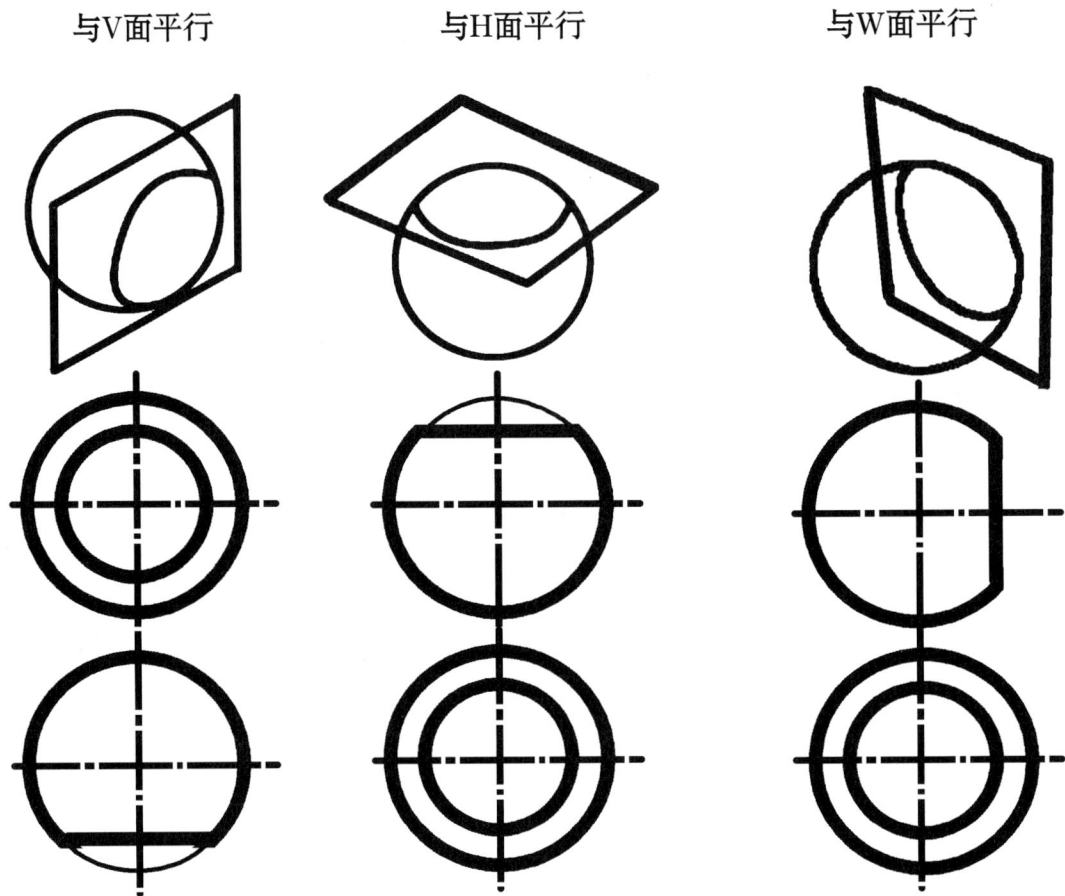

与V面平行　　　　与H面平行　　　　与W面平行

图7-10

1. 相贯线是两个相互贯穿的几何体表面的交线，为两个几何体的共有线及分界线。

2. 相贯线一般为闭合曲线，因为几何体是具有边界的。

由此可知，相贯线上的各点必为一个几何体参与贯穿的所有棱线，反之，另外一个几何体表面的交点同样可以看做是两个几何体表面上素线与素线之间的交点，这些点被称为贯穿点。我们可以总结出：在求相贯线的投影时，可以先求得部分贯穿点的投影，再依次连接各同名投影即可。

总结起来，相贯线具有三个特性：表面性、封闭性、共有性。

（一）平面立体相贯

两个平面立体相互贯穿，相贯线即为封闭的空间折线，折线上的每一段均为两平面几何体各个棱面的交线，折线上的各个顶点为其中一个平面几何体上各棱与另外一个平面几何体上各棱面的交点。求两平面立体相贯线的方法，实质上就是求两个立体的相交棱面的交线，实体和虚体相交，也可看做是用虚体的多个平面截切实体，在实体表面形成切口，可用求截交线的方法求解其交线。

一般来说, 相贯分为两种情况: 全贯和互贯。如图7-11所示。

(二)棱柱与棱柱的相贯

下面我们以一个三棱柱与一个四棱柱相贯的实例来进行说明。四棱柱⊥H面, 三棱柱⊥W面, 因此四棱柱在H面的投影具有重影性, 三棱柱在W面上具体重影性。从H面的投影可见四棱柱有三条侧棱参与贯穿, 从W面的投影可见三棱柱有两条侧棱参与贯穿, 所以贯穿点一共有十个。

相贯线左右对称为一条封闭的折线, H面的投影与四棱柱在H面的投影相重合, W面的投影与三棱柱在W面的投影重合, 需要求出的即是其V面的投影(图7-12)。

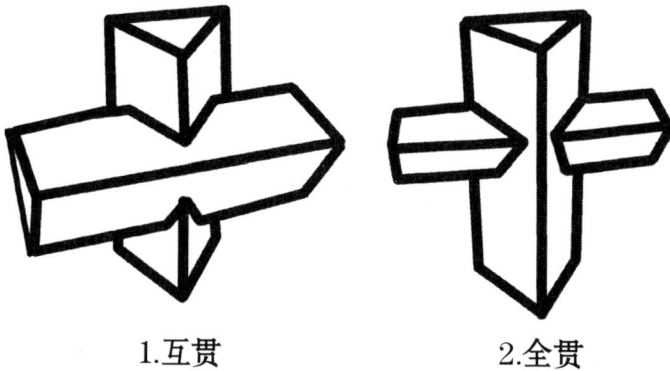

1.互贯   2.全贯

图7-11

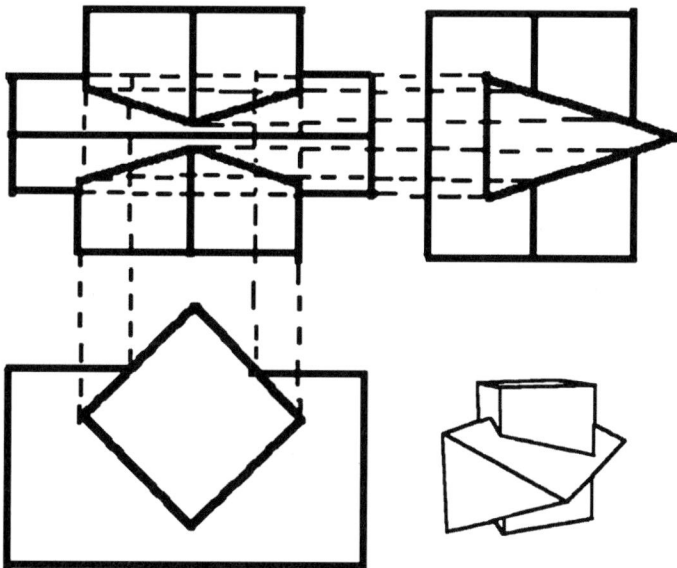

三棱柱与正四棱柱相贯

图7-12

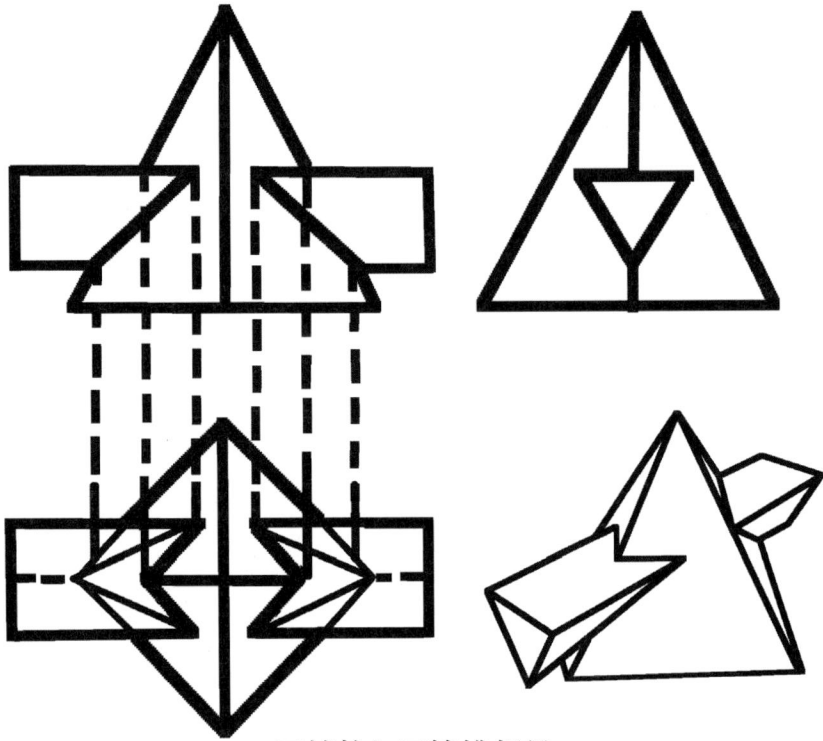

三棱柱与四棱锥相贯

图7-13

（三）棱柱与棱锥相贯

下面我们以一个三棱柱与四棱锥相贯的实例来进行说明。四棱锥⊥H面，三棱柱⊥W面，四棱锥底面各点均在H面上，四棱锥的其中两条棱边与V面平行，另外两条棱边与W面平行。三棱柱各条棱边均与H面平行且与W面垂直，三棱柱的顶面与H面平行，因为三棱柱的所有棱边都参与贯穿，所以贯穿点一共有八个。

相贯线是左、右对称的两条空间折线，各有四个折点，其投影如图7-13所示。

五、回转体的相贯

（一）平面立体与回转体的相贯

平面立体与回转体相贯，它们相交的每一段都是平面立体的棱面与回转体表面的交线。

它们的相贯线是由若干段平面曲线（或直线）所组成的空间折线，求平面立体与回转体的相贯线实质上是求平面立体各棱面与回转体的截交线。

在作图的时候，可以先分析出平面立体各棱面与回转体表面的相对位置，在心中对于其交线的形状有一个初步的判断，接着求出各棱面与回转体的截交线，最后将各段交线顺次连接并判断其可见性。

下面我们以一个四棱柱与圆柱体相贯的例子来说明平面立体与回转体相交求相贯线投影视图的方法。如图7-14所示，由于平面立体与圆柱体表面的共有线即为相贯线，因而相贯线的侧面投影积聚在一段圆弧上，水平投影积聚在矩形上。

（二）圆柱与圆柱的贯穿

两个回转体之间相贯，一般为封闭的空间曲线，可以借助辅助平面求得若干点，再顺次连接各点得到光滑的曲线。所以求两个回转体的相贯线实质上是求回转体表面上点的投影。

图7-15为最常见的两个圆柱体之间正交相贯时其相贯线的作法。由图中可以看出，小圆柱贯穿整个大圆柱，大圆柱⊥H面，小圆柱⊥W面，大小圆柱的轴线相互垂直。相贯线是左、右对称的两条空间闭合曲线，而每条相贯线的本身也为对称曲线，可知相贯线在H和W面的投影分别与大圆柱和小圆柱的圆柱面投影重合，积聚在圆柱面上。因此，重点在于求相贯线V面的投影。

在作图的时候，我们通过三面共点的原理，作辅助平面与两个曲面相交，这三个面的交点必在相贯线上。选取辅助平面P_1、P_2、P_3平行于V面并与两个圆柱相截得到矩形截交线，矩形截交线与另外两个曲面的交点即为相贯线上的点，接着再将同时存在于两个圆柱的表面和辅助平面上的点的同名投影依次平滑连接起来即可。在这里需要注意的是，我们在选择辅助截平面的时候，应当尽量使辅助平面与两个曲面的截交线的投影为简单易画的直线或圆，所以在实际应用中经常采用投影面的平行面来作辅助截平面。

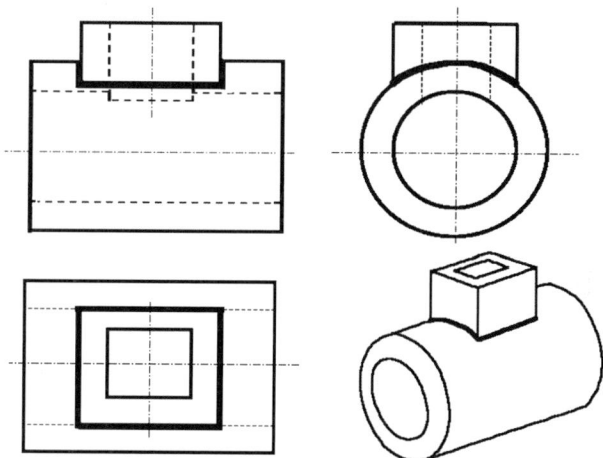

四棱柱与圆柱体相贯

图7-14

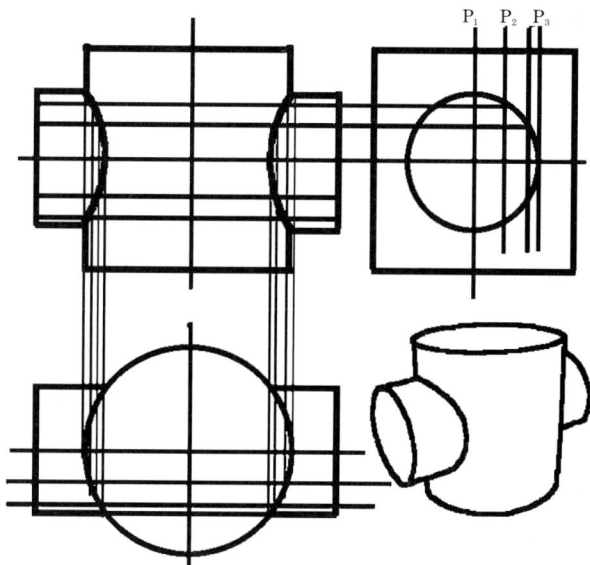

两个圆柱体正交相贯

图7-15

(三)圆柱与圆锥的贯穿

图7-16为圆柱体与圆锥体正交贯穿时相贯线的做法。从图中可以看出，大圆柱体垂直于W面，大圆锥垂直于H面，两个回转体的轴线相互垂直相交。相贯线为左右对称的两条空间闭合曲线，其本身也是对称曲线，所以两条相贯线在W面积的投影与大圆柱在W面的投影重合积聚，重点则是求得相贯线在H、W面的投影。

为了作出相贯线的投影，可以采用与H面平行的辅助平面将相贯体截开，因为圆锥的截交线为圆形，圆柱的截交线为矩形，两者的交点即在相贯线上。

下面我们再来看另外一个例子。如图7-17所示，圆台从顶部垂直向下插入水平圆柱中，已知圆台垂直于H面，圆柱垂直于W面，利用辅助平面P水平截切相贯体，P面与圆柱体的截交线为两条直线，与圆台的截交线为圆，两直线与圆的交点肯定在相贯线上。

用辅助平面法求得四个中间点以后，再找出特殊点，最后顺次将各点平滑相连整理得到相贯线，如图7-18所示。

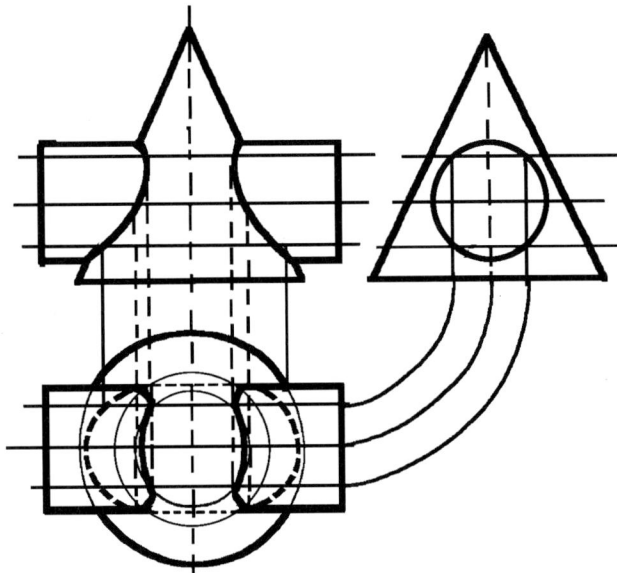

圆柱与圆锥正交相贯

图7-16

六、辅助球面法求相贯线

当回转体斜交相贯的时候，采用辅助球面法来求相贯线的投影要比辅助平面法更加方便实用，而且在只知道一面投影而不知道另外两面投影的情况下也可以作出相贯线。

(一)辅助球面法的基本原理

如图7-19所示，圆柱与圆锥共轴且均与一个圆球相贯，轴线通过球心。从图中可以看出圆球与圆柱及圆锥的相贯线都是圆。如果圆球与圆柱

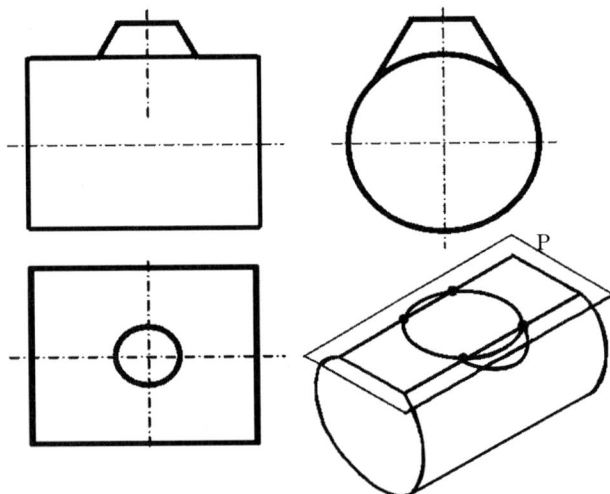

通过P面求三面共点

图7-17

倾斜相贯,它们的相贯线还是圆,所以无论什么回转体与圆球相贯,当回转体的轴线通过球心时,它们的相贯线必为圆周。

　　当圆球与圆柱直角相贯的时候,轴线通过球心且相贯线仍为圆形,两个圆周的交点必定同时存在于圆球、圆柱、圆锥三面上,因此这个点自然也在圆柱与圆锥的相贯线上。

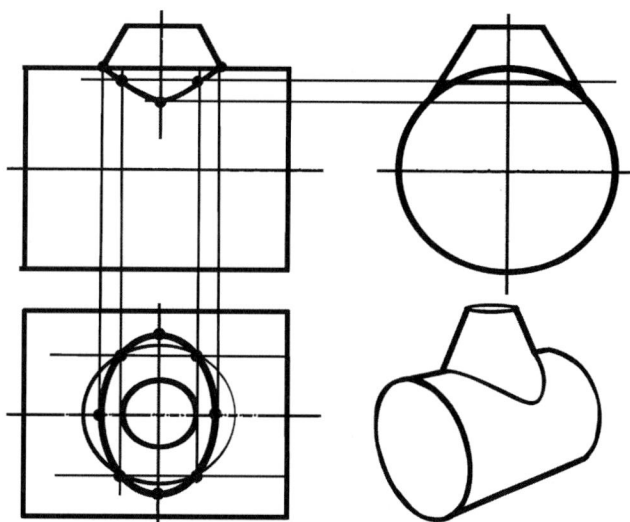

圆台与圆柱相贯

图7-18

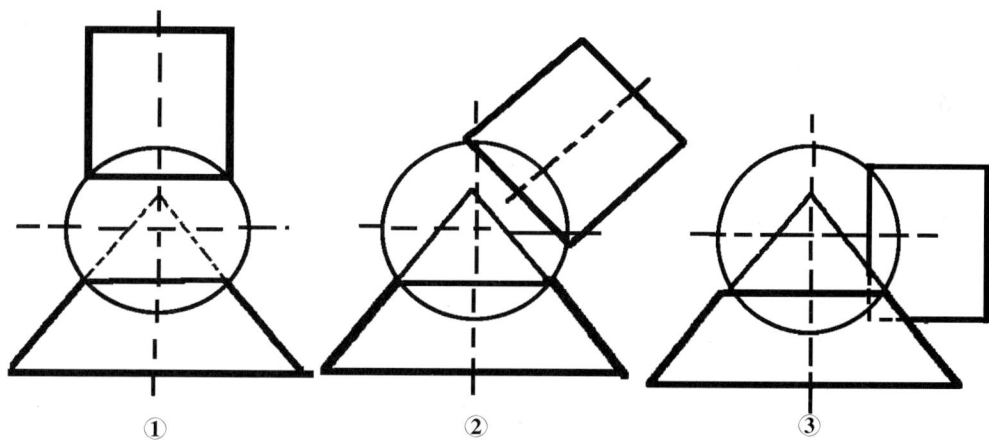

辅助球面法的基本原理

① ② ③

图7-19

　　综上所述,当两个回转体轴线相交且同时平行于一个投影面时,可采用辅助球面法来求相贯线的投影。

(二)辅助球面法的画法

图7-20为圆柱斜贯圆锥,它们的轴线斜交,且为正平线。在采用辅助球面法作图的时候,首先应该确定圆柱与圆锥素线的交点1、2,以轴线交点O为圆心,作圆锥的内切辅助球面,球面与圆锥的交点为a、b两点,与圆柱的交点为c、d两点,线段ab与cd的交点为M。

同理,以O为圆心,再以略大于圆锥内切圆的半径作辅助球面,得到N。按照此法接着取点,最后将求得的若干点顺次连接即可得到相贯线。

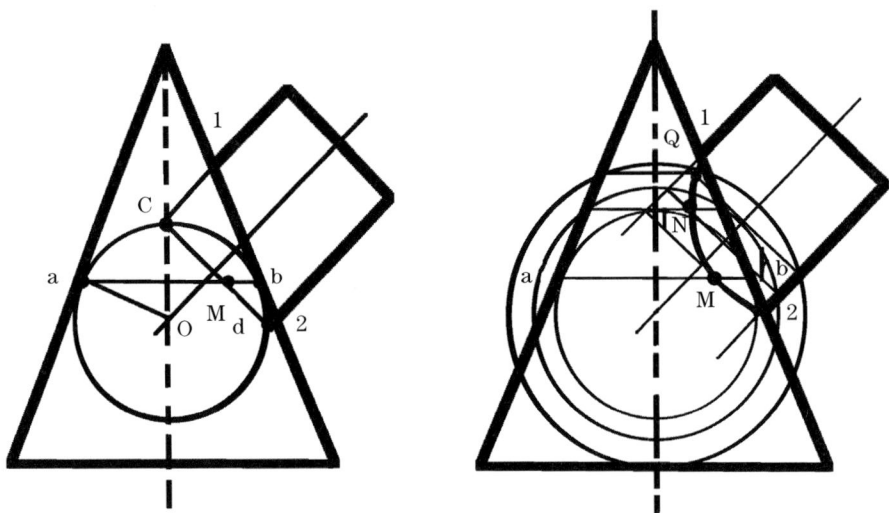

用辅助平面法求圆柱与圆锥的斜交相贯

图7-20

七、影响相贯线形状的各种因素

两个回转体体相贯,影响其相贯线形状的因素有以下几种:相贯体表面性质、两个相贯体的位置关系、相贯体的尺寸大小等。

图7-21为相贯体表面性质及其相对位置对相贯线形状的影响。

图7-22为相贯体尺寸对相贯线形状的影响。

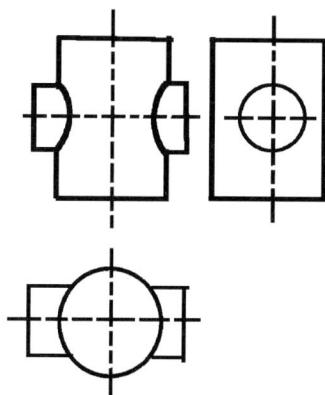

柱柱相贯,轴线正交　　　柱柱相贯,轴线斜交　　　柱柱相贯,轴线错开

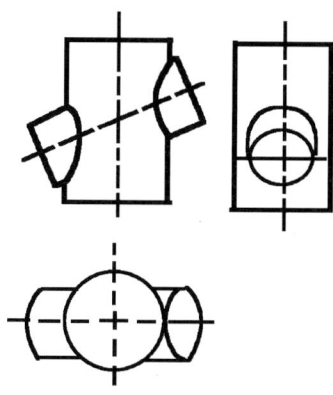

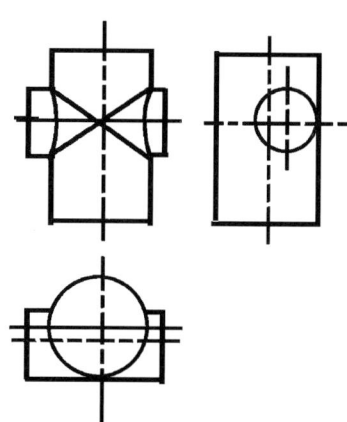

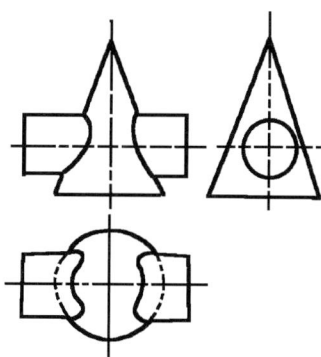

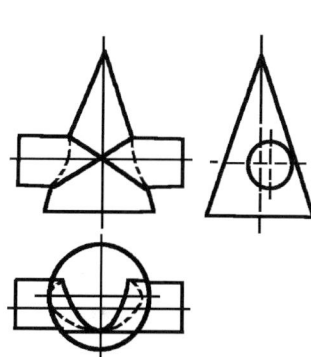

柱锥相贯,轴线正交　　　柱锥相贯,轴线斜交　　　柱锥相贯,轴线错开

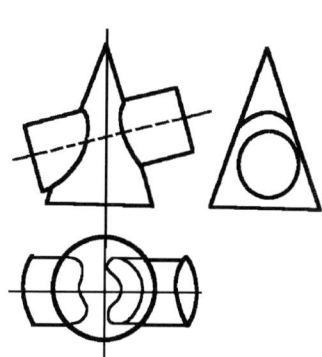

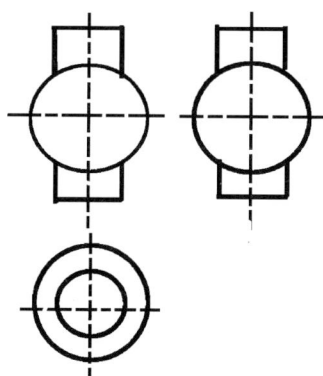

柱球相贯,轴线正交　　　柱球相贯,轴线正交　　　柱球相贯,轴线错开

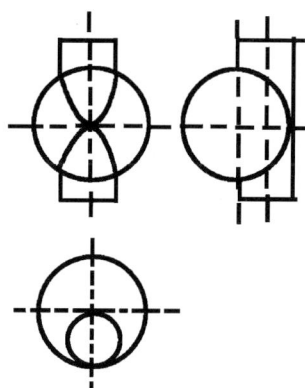

图7-21

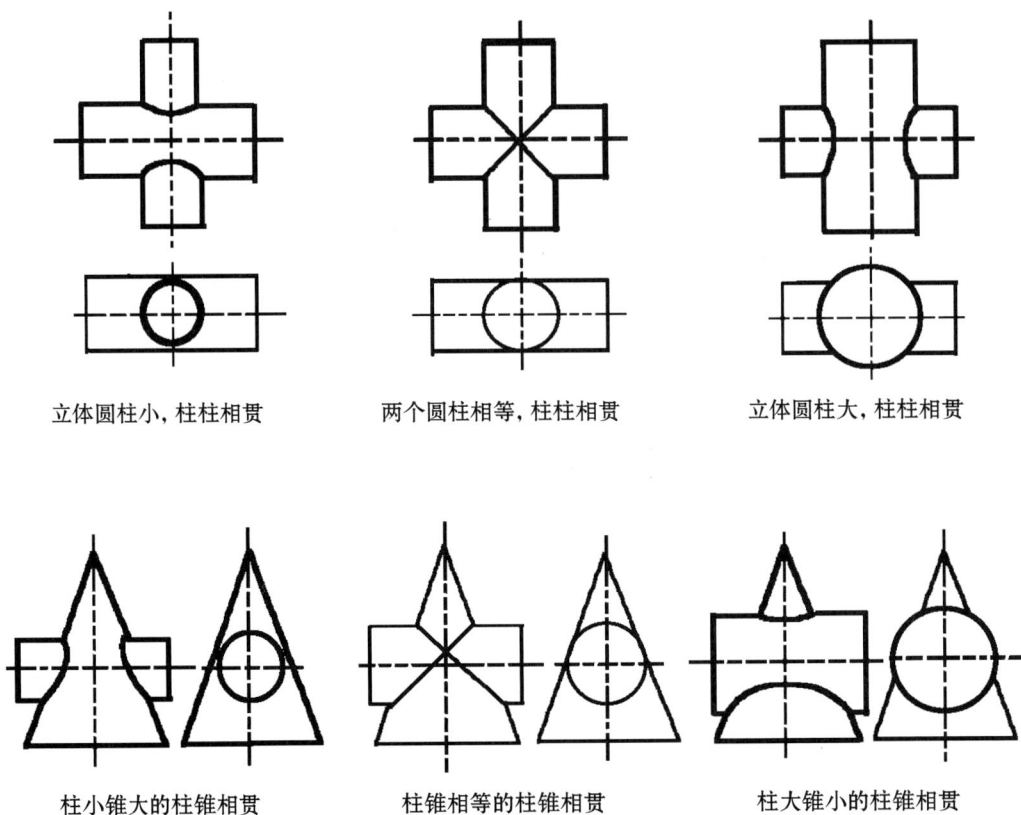

立体圆柱小,柱柱相贯   两个圆柱相等,柱柱相贯   立体圆柱大,柱柱相贯

柱小锥大的柱锥相贯   柱锥相等的柱锥相贯   柱大锥小的柱锥相贯

图7-22

综合练习与思考

1. 什么叫做截平面、截交线、截断面?

2. 辅助平面法求相贯线的基本原理和步骤有哪些? 选择的原则是什么?

3. 影响相贯线形状的因素有哪些?

4. 根据图7-23作五棱柱被正垂面P截断后的投影。

(作图提示: 由于截平面为正垂面,故截交线的V面投影a′ b′ c′ d′ e′ 已知,同理可以推出截交线的H面投影abcde。运用透视图中"高平齐"的投影规律,可以得出截交线在W面投影a″ b″ c″ d″ e″ 。)

5. 根据图7-24作两个立体的表面交线。

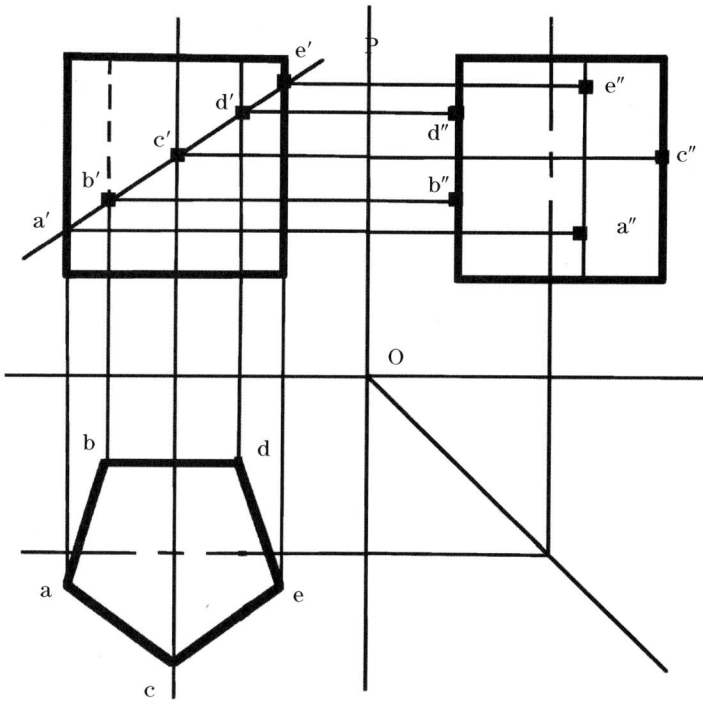

图7-23

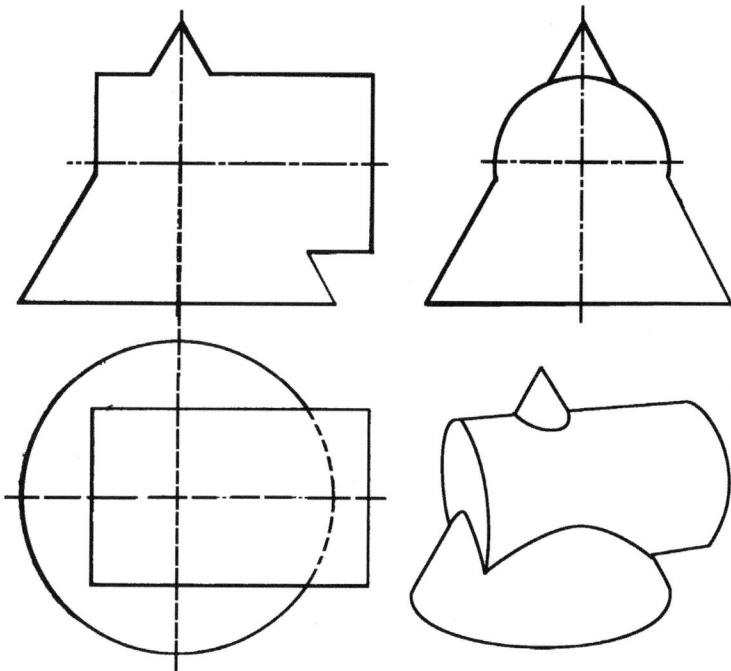

图7-24

第八章　产品表面展开图

　　在工业制造中, 诸如冶金、化工、造船、航空等部门, 会遇到很多形状不规则但具有特殊功能的产品部件的生产, 在生产过程中不但要绘制出它们的投影视图和轴测图, 而且还需要绘制出它们的展开图。因为通过展开图我们能够知道产品的精确用料, 应该怎样剪切、弯卷、拼接、焊接、咬接、铆接等。

　　在不改变产品表面总面积的情况下, 将其各个面依次摊平在一个平面上, 这个过程就称为产品的表面展开。展开后平铺在平面上的图形就叫产品展开图, 简称展开图。

　　对于产品而言, 它们的表面是形态各异的, 并不是说所有的产品表面都能够被我们按照其实际大小展平到一张纸上。有些形状的物体表面是不可被展开的, 换句话说就是它们的展开图与原表面的实际大小会存在绝对误差, 它们的展开图是一种近似画法, 比如圆球、圆环等球面物体。另外一些物体, 我们则可以将它们的表面不遗漏、不重叠、不打褶皱的平铺在同一平面上, 这些物体的表面就是可以展开的。如图8-1, 这是一个水桶的表面展开图, 它由圆台和圆柱两个部分组成。

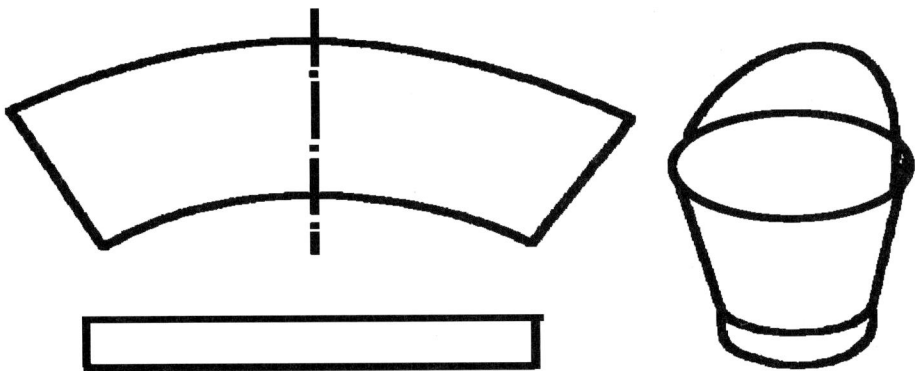

图8-1

　　下面我们首先来研究可展开表面产品的展开图绘制方法。

一、平面立体的表面展开

　　平面立体的表面均为平面多边形, 作平面立体的表面展开图, 就是分别求出属于立体表面的所有多边形的实形, 并将它们按一定的顺序排列平摊在一个面上。下面介绍常用的棱柱和棱锥的表面展开作图方法。

（一）棱柱形部件的表面展开

因为棱柱部件的表面特征是侧棱面为矩形或平行四边形，又有各条侧棱互相平行，故可以采用平行线展开法。平行线展开法是指将由若干彼此平行的直线构成的立体表面分解为无限多个梯形或矩形平面，在作图的时候如同铺开卷轴一样，将立表面不遗漏、不重叠地表现出来。

图8-2是一个最简单的三棱柱表面展开图，由于棱柱的侧棱高度相等，三个侧面展开后为等高的矩形，而三个矩形的宽度分别为水平投影中三角形三边的实长。

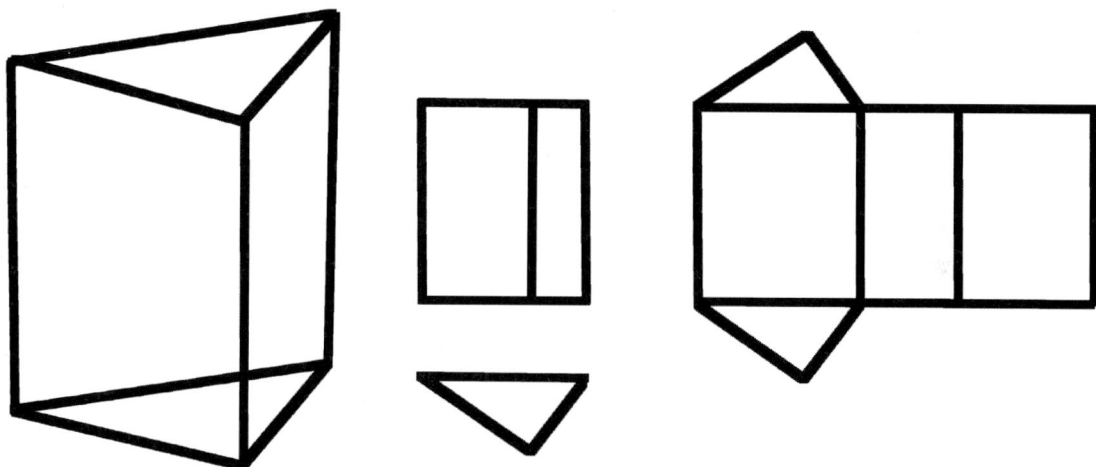

图8-2

再来分析一个斜四棱柱表面展开图的绘制。如图8-3，首先在展成一条直线的底边上依次标出通过水平投影知道的棱柱各侧面底边边长，通过相应的端点作垂线，然后从棱柱的正面投影中量出各表面侧棱的实长，并在各条垂线上标出来，最后顺次连接各垂线的顶点，得到斜四棱柱的展开图。

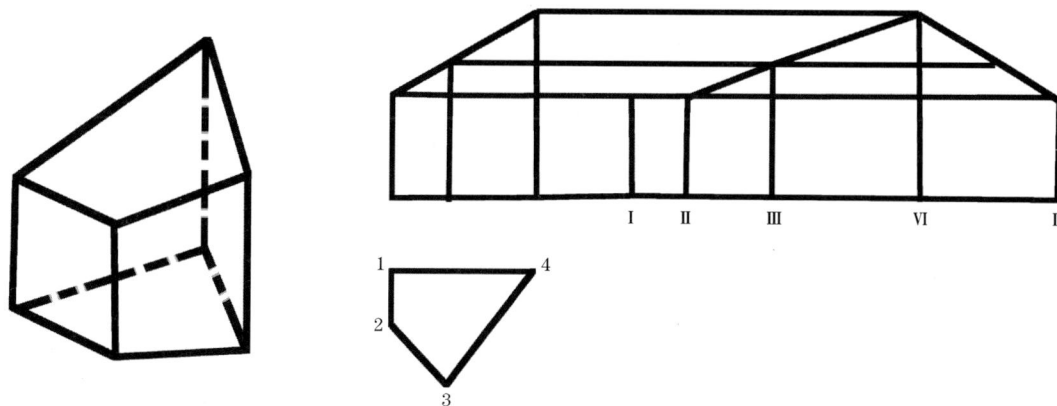

图8-3

（二）棱锥形部件的表面展开

棱锥部件的侧表面均为三角形,因此只要量出底边的实长以及各条侧棱的长度,依次画出各侧面三角形的实形,即可得到展开图。这里我们需要采用放射线法来进行绘制,放射线法适用于绘制侧表面棱线交汇于顶点的几何体的展开图,其实质是将锥体的表面看做由无限多个三角平面组成,当把所有的三角形不遗漏、不重叠、不褶皱地展开,锥体的表面即被展开。不论是现在的棱锥展开还是后面将要讲到的圆锥展开,我们都可以采用这种方法,四棱锥的展开如图8-4所示。

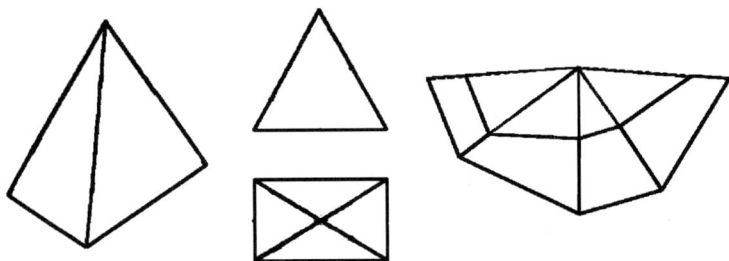

图8-4

二、回转体表面的展开

（一）圆柱的展开

1. 普通圆柱的展开

普通圆柱的表面可以看做是由无穷多条相互平行的棱线组成,当圆柱的上下底面垂直于圆柱的表面素线时,它的表面展开为一个矩形。这个矩形的长度是圆柱底圆的周长 $\pi \times D$,高度为圆管的高H,如图8-5所示。

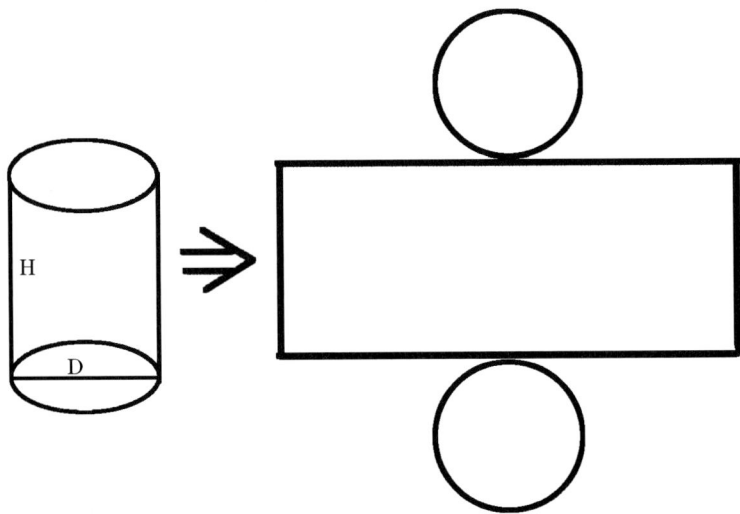

图8-5

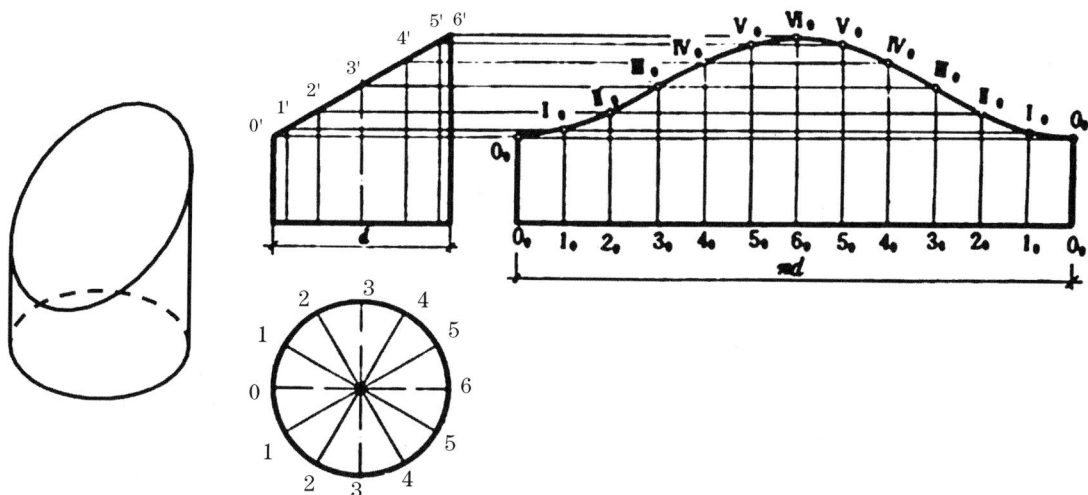

图8-6

2. 斜头圆柱的展开

斜口圆柱是在普通圆柱的基础上用平面将其顶部斜截,这样圆柱顶底互不平行,底面为正圆,顶面为椭圆,表面的素线虽然长短不一,但是其正面投影均反映实长。只要我们抓住了斜口圆柱这些特性,展开图的绘制即可迎刃而解。

（1）首先把水平投影圆周展开,周长为 $\pi \times D$, 分为十二等份,得到各等分点。通过各等分点作垂线。

（2）接着量出圆周上各等分点对应的素线的实际高度,在垂线上标注出来。

（3）最后将各条素线上标注出的端点依次连接得到一条平滑曲线,该正弦曲线即为斜头圆面展开的周长。

整个过程如图8-6所示。

（二）圆锥的展开

1. 普通圆锥的展开

一个完整的普通圆锥展开以后其侧面为扇形,扇形的直边等于圆锥母线的实长L,扇形的中心角为 α° , 扇形的面积为 $\alpha^\circ \pi L2/360$。当把圆锥近似展开的时候,可以把圆锥的侧表面想象成是由无数条交汇于锥顶的素线构成,也可以看成是由无限多个三角形平面组成。

（1）首先将圆锥的水平投影圆周分为十二等份,得到各等分点,并且在正投影面上标注出相应的等分点 $1'$ 、 $2'$ 、 $3'$ ……

②接着以圆锥母线实长L为半径画出一段圆弧,用圆规在水平投影圆周上一段段截取圆弧 $1\frown2$ 、 $3\frown4$ ……,并将其对应到以圆锥母线实长L为半径画出的圆弧上 $I\frown II$ 、 $III\frown IV$ ……,即可得到圆锥侧面展开图。

绘制过程如图8-7所示。

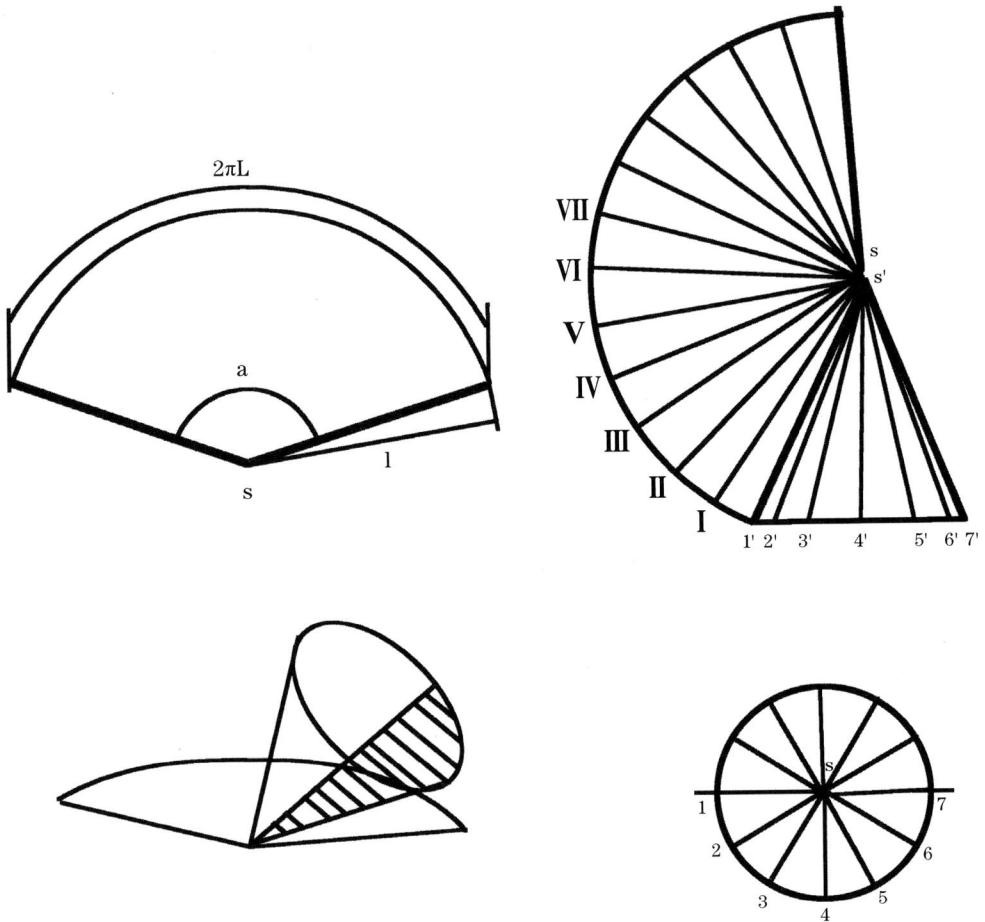

图8-7

2.斜口圆锥的展开

斜口圆锥是在普通圆锥的基础上将其锥头部分截掉,因此可以先按普通圆锥的方式展开,然后再切掉斜口部分的面积。

(1)首先补全圆锥,绘制出整个圆锥侧面的扇形展开图。

(2)接着将斜口圆锥的水平投影圆周分为十二等份,得到各等分点及其相对应的素线。

(3)求出12个等分点对应的棱线的实长,然后将端点依次连接起来。

(4)擦除被截掉的多余部分,即可得到圆锥侧面展开图。

绘制过程如图8-8所示。

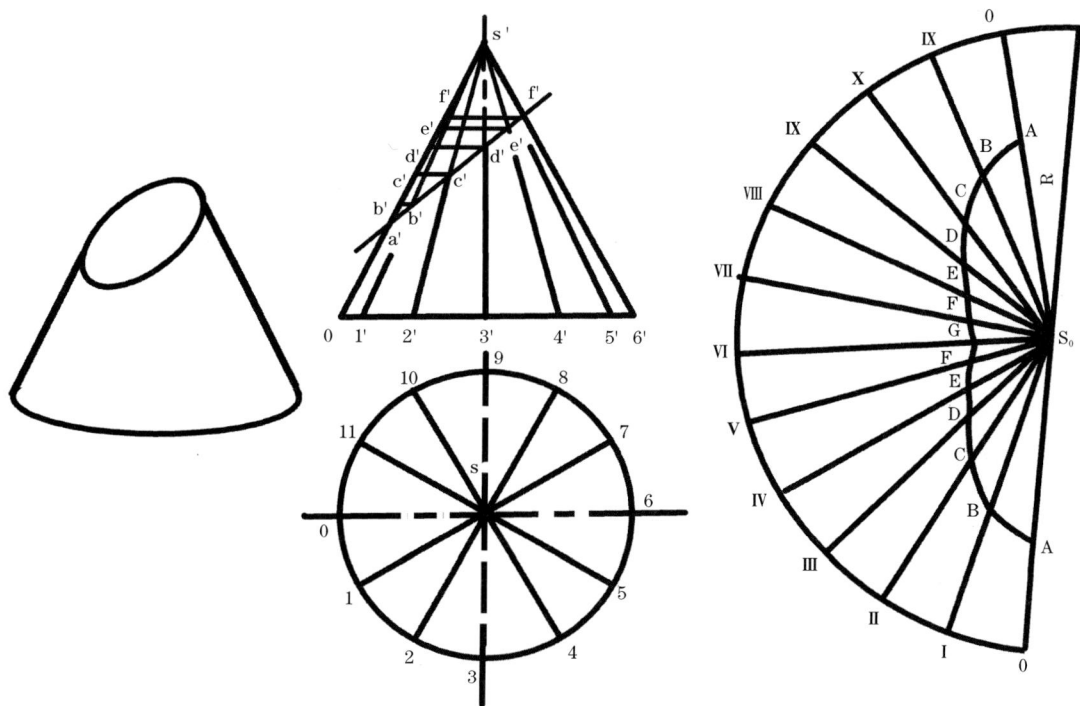

图8-8

三、组合体表面的展开

（一）漏斗的展开

在产品设计中，我们经常需要绘制漏斗状物件的展开图，如图8-9所示，漏斗是由上部的四棱柱、中间的四棱台，以及下面的四棱柱组成，所以漏斗的展开图即是由这几个物体的展开图共同构成。

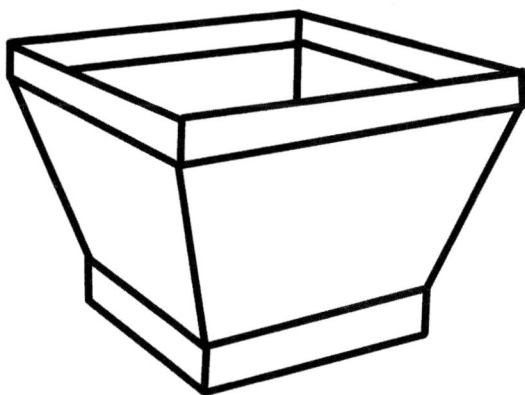

图8-9

四棱柱的展开图比较简单，这里不多作讨论，我们着重讲解四棱台展开图的求法。由于四棱台的各条侧棱均为一般位置的直线，故需求出各棱的实长，方可求出侧面的实形。第一种方法最简便也最直观，即用工具测量出漏斗状物体斜棱线的长。第二种方法是在画图的时候，先延长四棱线，得到锥顶的两个投影S和S′，以S′a′为半径画圆弧，并且在圆弧上截取CB=cb，BA=ba，AD=ad，DC=dc。再以S′Ⅰ′为半径作出S′a′的同心圆弧，并截取32=ⅢⅡ，21=ⅡⅠ，14=ⅠⅣ，43=ⅣⅢ。最后将圆弧上的C、B、A、D、C点和Ⅲ、Ⅱ、Ⅰ、Ⅳ、Ⅲ点依次连接起来并擦掉多余的锥顶部分，便得到漏斗中段四棱台的展开图，如图8-10所示。

（二）交叉管的展开

交叉管中两圆管的轴线相交，交线是一条闭合的空间曲线，所以应先求出它们的交线。在绘制交线时应先求出交线上一系列点的位置，并依次用曲线连接，接着再以交线为界分别画出两圆管的展开图，如图8-11所示。

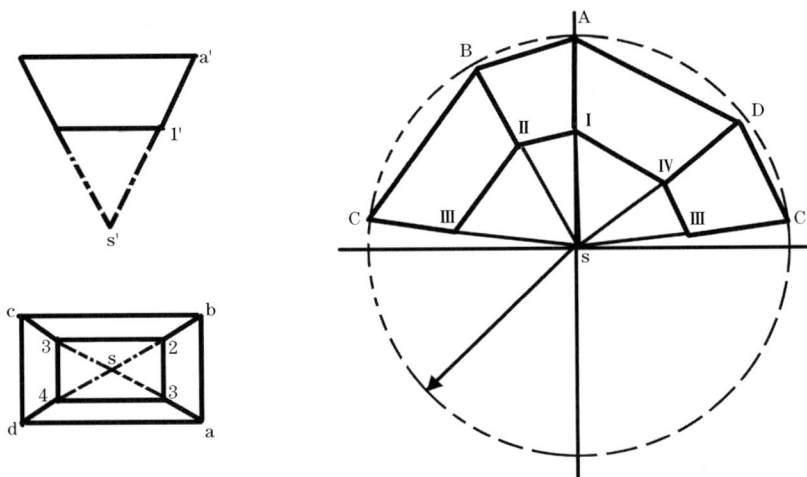

图8-10

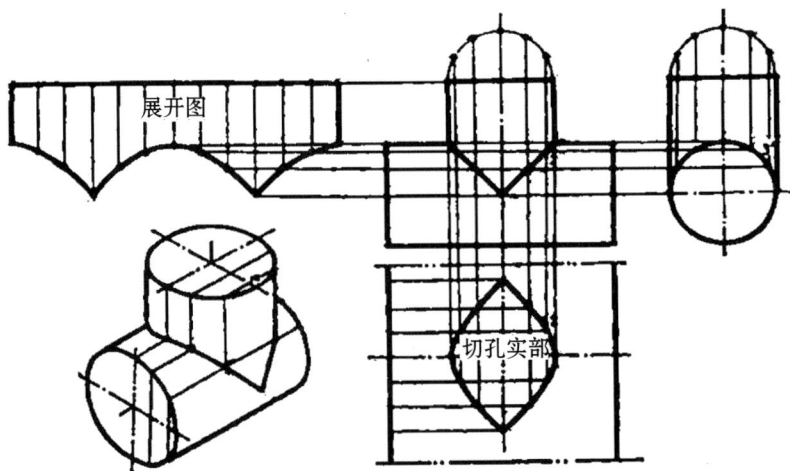

图8-11

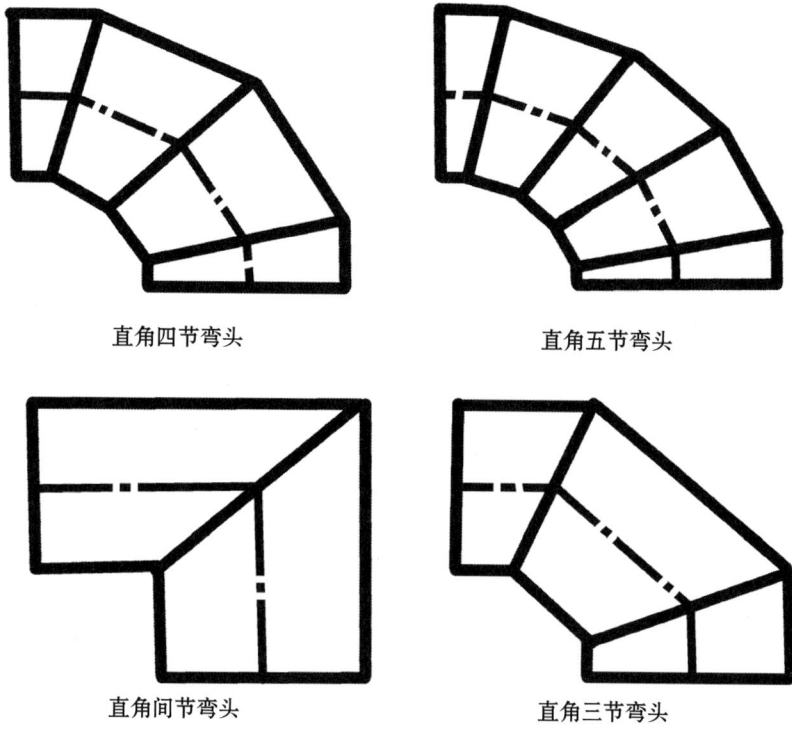

直角四节弯头　　　　　　　　　直角五节弯头

直角间节弯头　　　　　　　　　直角三节弯头

图8-12

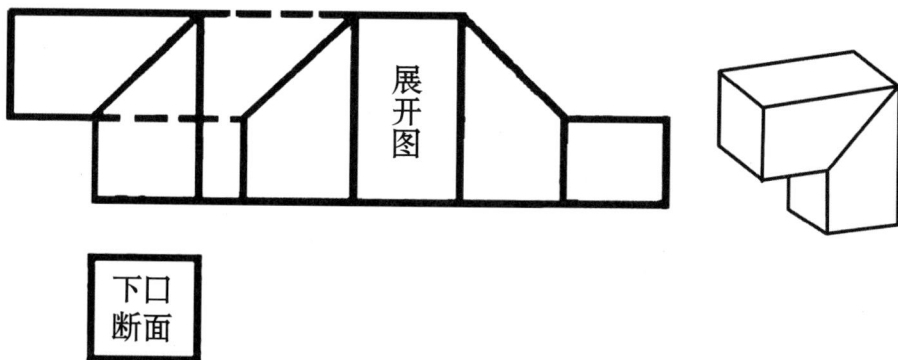

展
开
图

下口
断面

图8-13

（三）弯头的展开图

　　多节弯头的结构如今在很多产品设计中都被用到，它又俗称虾米腰，主要是用来改变管道方向及其它装置的配件。在直角多节弯头中，有三节、四节、五节或更多节等，如图8-12所示。节数的多少以产品的功能需求而定，一般情况下节数越多，弯曲面越平滑，流通阻力就越小。

　　直角间接弯头的展开如图8-13所示。

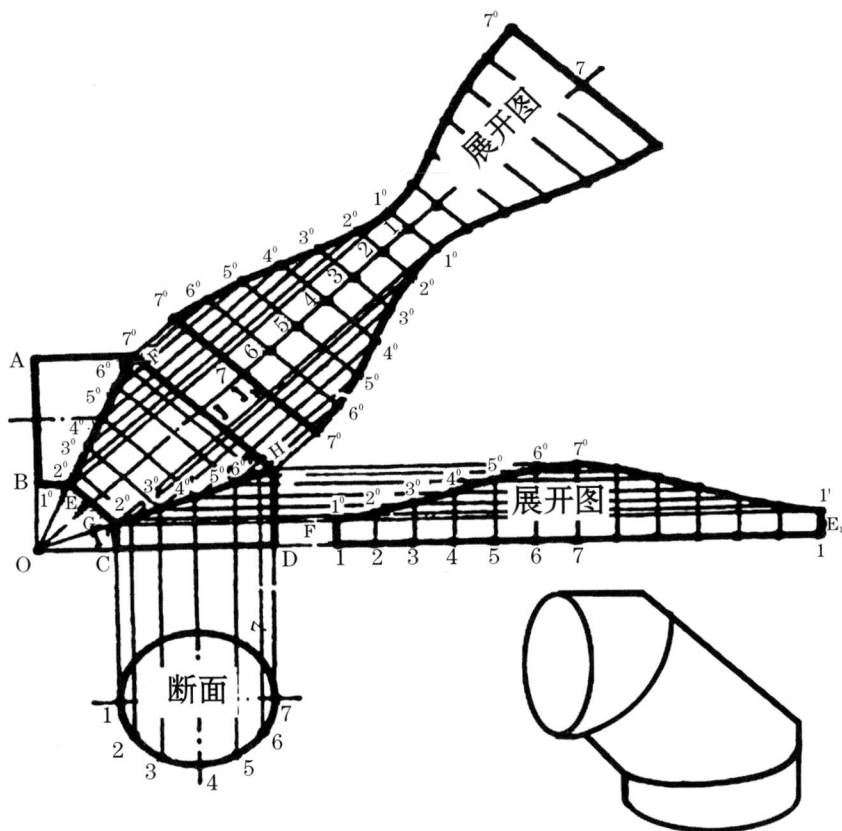

图8-14

直角三节弯头的展开如图8-14所示。

直角四节、五节或更多节弯头的展开在制图方法上与直角三节弯头的展开大致相似,只是展开的节数更多,需要更加细致耐心。

四、不可展开曲面的近似展开

不可展开曲面是指在曲面上相邻的素线为交叉直线或素线为曲线的曲面,比如最常见的球面、环面、螺旋面等。由于不可展开曲面的特殊性,我们只有采取近似展开的方式,将不可展开面分成若干部分,再将每一部分用相近的可展开曲面来代替画展开图。

(一)圆球面的近似展开

圆球面的展开一般采用近似柱面法和锥面法,下面我们就来分别介绍这两种方法。

近似柱面法采用以经线分割的方式,用通过球心的铅垂面旋转360°与球面相交并在球面形成若干经线,经线之间两两形成若干张相等的则柳叶状曲面片,因为所有叶片的上下两个端点即为圆球的两个极点,所以在展开的时候可以从圆球的上下两个极点将叶片逐一解开,每张叶片可以近似看成球面的一部分。近似柱面法又称柳叶法，将球面分成的柳叶越多越细，其展开图就越接近球面的真实面积。反之，将球面分成的柳叶越少，则误差越大，损失的面积越多。当圆球被经线无穷划分时，柳叶即变成了在圆球面上一条条相互紧挨的素线，这时展开图呈无限逼近圆球真实面积的状态。在实际生产中，我们无法估算一个球面到底由多少条素线构成，退后一步为了让球面面积在平面上被估算出来，我们采取以损失部分面积的方法来换取直观视图的表达。柳叶法如图8-15所示。

　　近似锥面法与近似柱面法相对，采用以纬线分割的方式，用水平纬线横插圆球，将球面分成若干条球带，将最中间的球带视为球的内接圆柱近似展开，把其余的球带视为圆锥面近似展开。如图8-16所示。

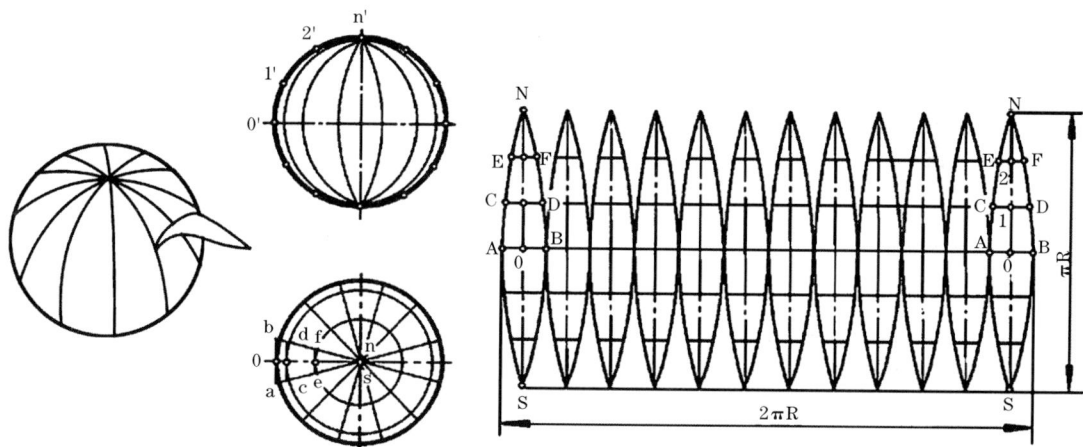

图8-15

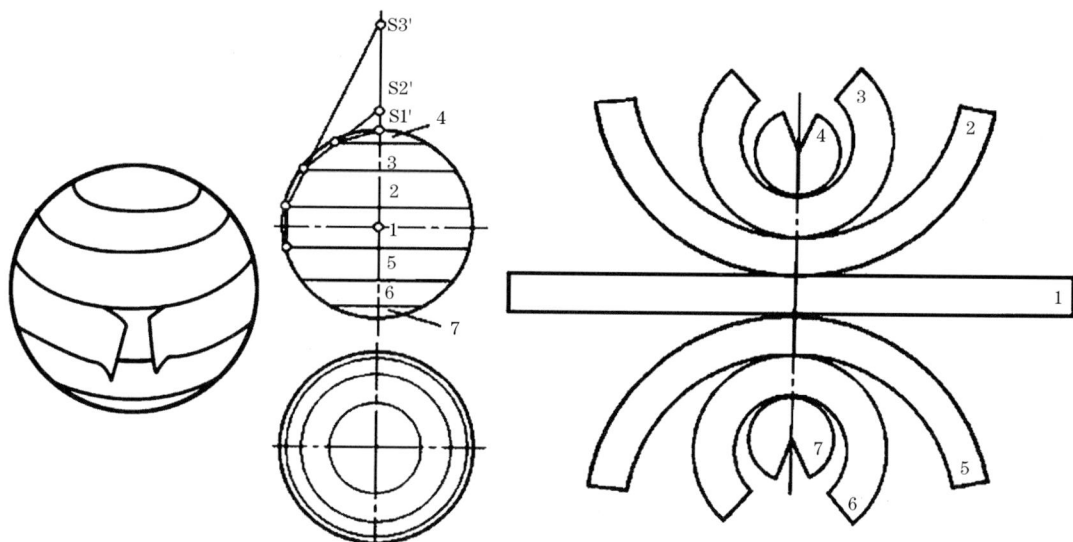

图8-16

(二)变形接头的近似展开

变形接头的上部为圆形筒口,下部为矩形筒口,在工业制造中,这一类的变形接口主要作为流体通道,其结构特点在于上小下大或一边小一边大,减小流体通过时的阻力。变形接头多属于不可展开曲面,它的近似展开都是设计为若干可展开表面的组合,即四个等腰三角形平面和若干椭圆锥面组成,椭圆锥面划分得越多,作图越复杂,展开图也就越精确,其表面的划分如图8-17所示。

图8-17

为了便于制图,在一般情况下我们都将变形接头的局部锥面设为4个来展开,尽量在绘图的精确性与工作效率之间达到平衡。具体画法如图8-18所示。

综合练习与思考

1. 圆球表面的近似展开有哪两种方法?

2. 绘出图8-19中斜椭圆锥表面的展开图。

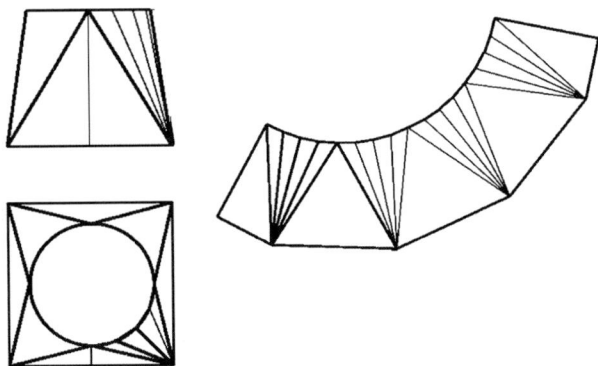

图8-18

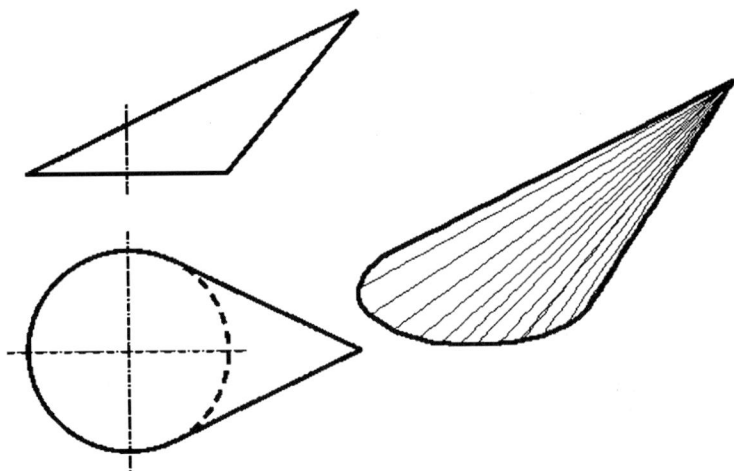

图8-19

第九章 学生习作评析

一、手机投影视图的绘制

顶视图

底视图

左右视图

前视图

后视图

习作分析：

①尺寸距离被标注物体太远。小尺寸应标注在最靠近被标注物体的位置，所以按钮尺寸应被标注在手机左视图的右边。

②半径尺寸线穿过了小圆。当小圆半径很小时，如果尺寸线再穿过小圆，就会引起读图困难，一般情况下都是将尺寸线直接从圆弧外面引出。

③半径被标注成了竖直方向。半径标注应当保持水平方向，在视图中同一类型的标注尺寸的方向应当保持一致。

④字号大小不一。如非特殊情况，同一图纸中字号大小应该相同。

⑤缺线。

⑥半径的尺寸线用直线来表示。半径的尺寸线应画成折线，而不是水平直线。

⑦缺少尺寸界线。

⑧字号大小不一。

⑨缺少尺寸。同一方向相邻尺寸应当标注完整。

二、美工刀投影视图的绘制

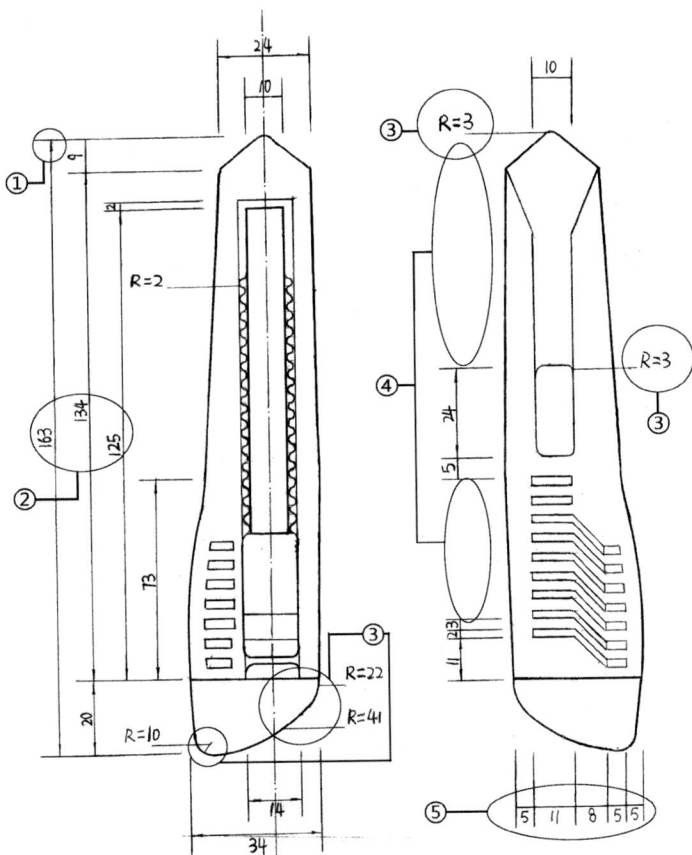

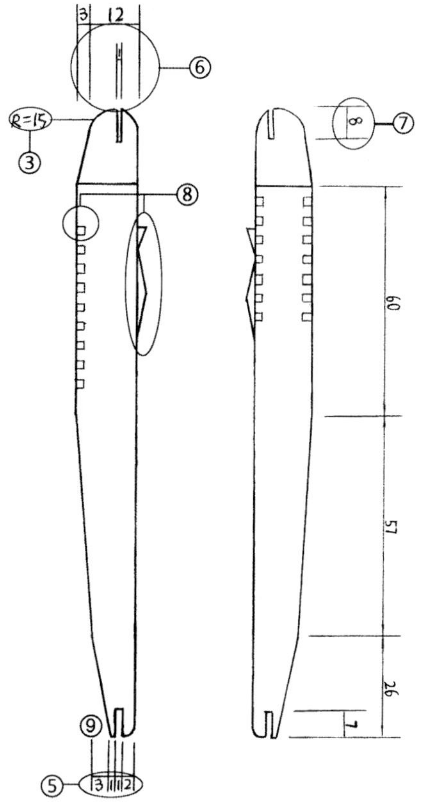

习作分析：

①箭头过平过小。在产品制图中，箭头终端的长度H≥6d，d为尺寸线的宽度。

②尺寸数字没有对齐。为了美观起见，尺寸数字应该尽量对齐。

③少箭头。圆的直径和圆弧半径的尺寸线终端应画成箭头。

④尺寸空缺。

⑤缺少尺寸线终端。当位置不够放置箭头时，可以用圆点或斜线来代表尺寸线终端。

⑥尺寸线的平行距离过长。一般来说尺寸线距离物体以及尺寸线之间的平行距离为5mm~7mm即可。

⑦没有与最外侧的尺寸对齐。如果同一侧的尺寸线不是相互平行关系而是并列关系，应当对整齐。

⑧缺少尺寸。

⑨尺寸线都没有与物体靠紧。

三、CD随声听投影视图的绘制

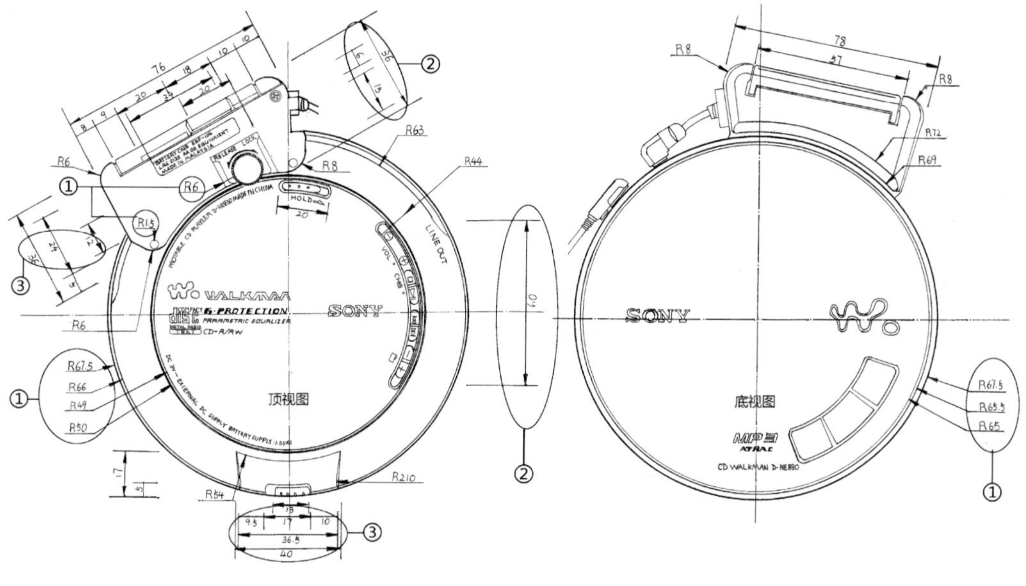

习作分析：

①没有标注直径尺寸。完整的圆或大于半圆的的圆弧，应标注直径尺寸。

②尺寸线距离被标注物体过远。

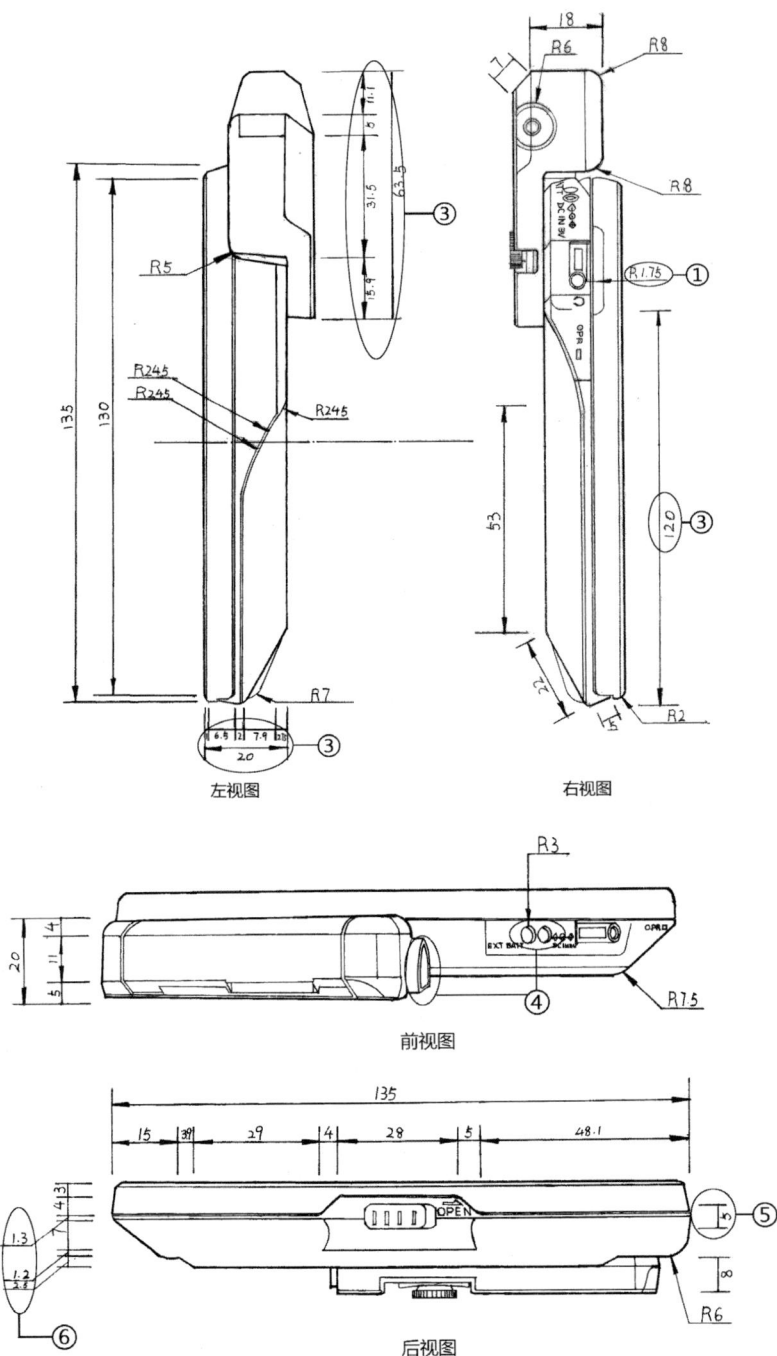

左视图

右视图

前视图

后视图

③尺寸数字写在尺寸线的下面。一般情况下都把尺寸数字写在尺寸线的中断处或注在尺寸线的上方。

④出现了透视角度。在三视图中不要将物体的透视效果绘制出来，三视图均为平面视图，而非透视图。

⑤尺寸标注错位。

⑥尺寸数字没有与同方向的尺寸数字平行。在产品制图中，尺寸数字应该随着尺寸方向书写。

各章"综合练习与思考"答案

第一章

1. 略

2. 略

3. 图1-32正确的制图如下:

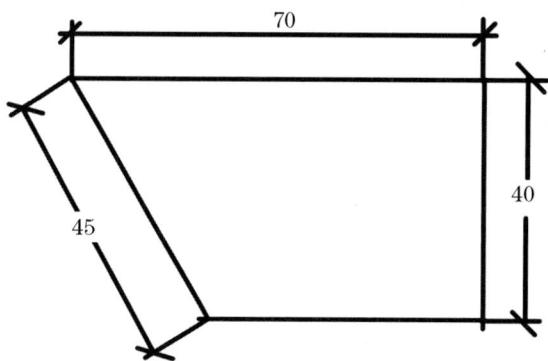

注: 按照国标, 尺寸线的终端符号除了箭头之外, 还可以采用斜线的形式, 斜线的方向是以尺寸线为基准, 逆时针转45°画出。一般情况下, 在产品制图中箭头作为终端结构适用于各种类型的情况, 而斜线在终端结构的应用上具有一定的局限。

对原题中标号中错误的地方说明如下:

①当一张图纸中决定选用一种尺寸线终端符号时, 全图必须一致, 不能把箭头和斜线两种符号同时混用。

②斜线倾斜方向画错。

③处于非水平方向的尺寸, 其数字可以水平地注写在尺寸线的中断处, 此处未写在中断处。

④尺寸数字方向的书写方法有两种, 当采用其中一种时, 尽量不在混用另外一种方法。本例非水平方向的尺寸数字采用水平方向书写以后, 此处的尺寸数字也应该水平书写, 同时也应写在尺寸线的中断处。

图1-33正确的制图如下：

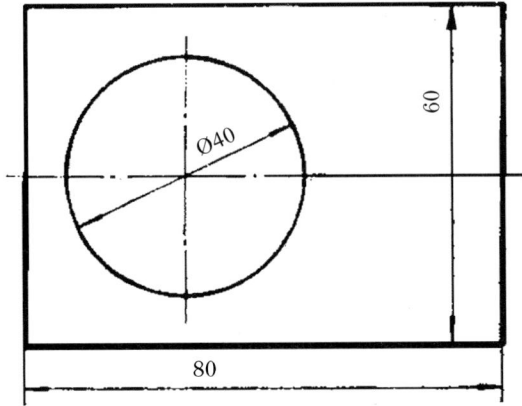

对原题中标号处错误的地方说明如下：

①圆的中心线不能代替尺寸线。在注圆的直径时，尺寸数字左边要冠以"Φ"。

②图形的对称线不能作为尺寸线。

③图形的轮廓线不能作为尺寸线。

图1-34正确的制图如下：

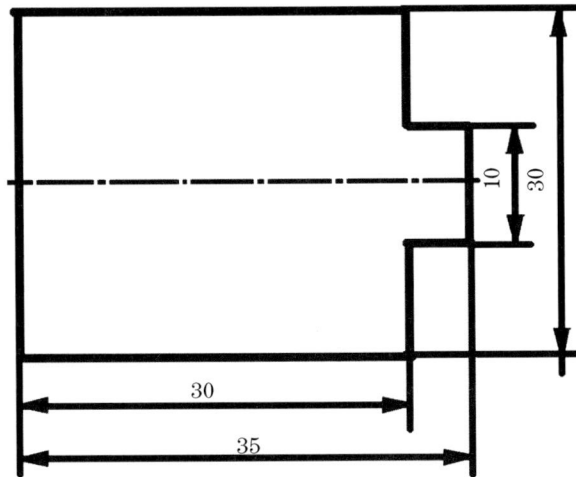

对原题中标号错误的地方说明如下：

①尺寸的界线应该与轮廓相连。

②尺寸界线应超出尺寸线3mm~5mm，并且全图一致。

③为使尺寸清晰，尺寸线与尺寸界线应该尽量避免相交。为此，在标注统一方向的尺寸时，应将尺

寸数字大的尺寸标注在外面, 将尺寸数字小的尺寸标注在里面, 层次就清晰了。

④尺寸界线超出尺寸线过长。

⑤同一方向的尺寸线间距过宽, 一般为7mm~10mm, 全图一致。

⑥箭头表示尺寸的起止位置, 不应超出尺寸界线。

⑦尺寸数字应该写在尺寸线中断处或上方。

⑧箭头顶部应当与尺寸线相接触。

⑨尺寸线与图形轮廓的间距不应小于5mm。

第二章

1. 略

2. 略

3. 略

第三章

1. 略

2. 略

3. 点A的投影的作图:

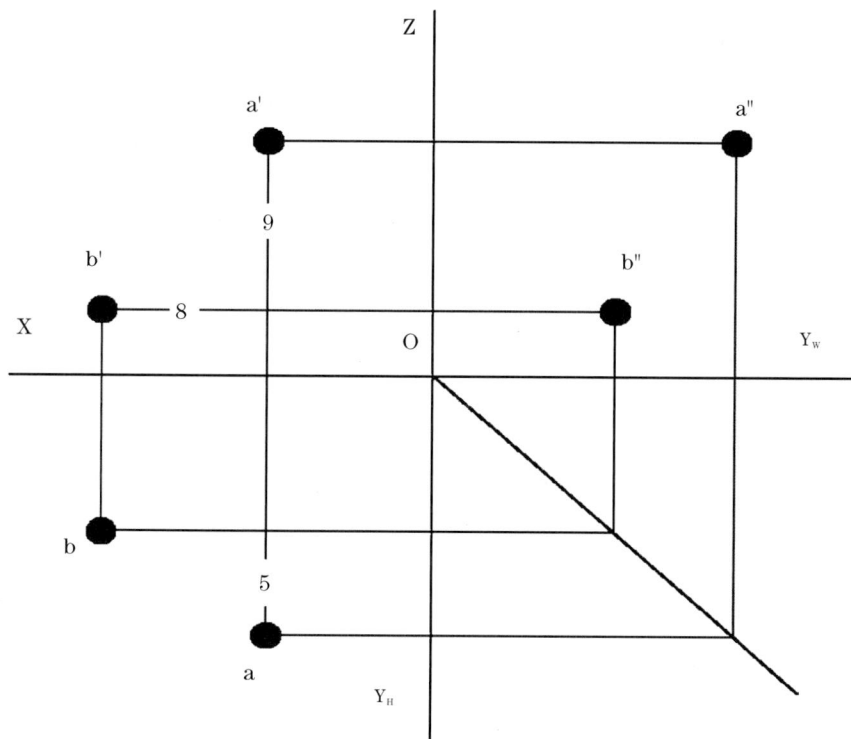

4. 直线AB为水平线，直线CD为铅垂线，直线EF为正平线，直线GH为一般位置直线。补全后的三视图如下：

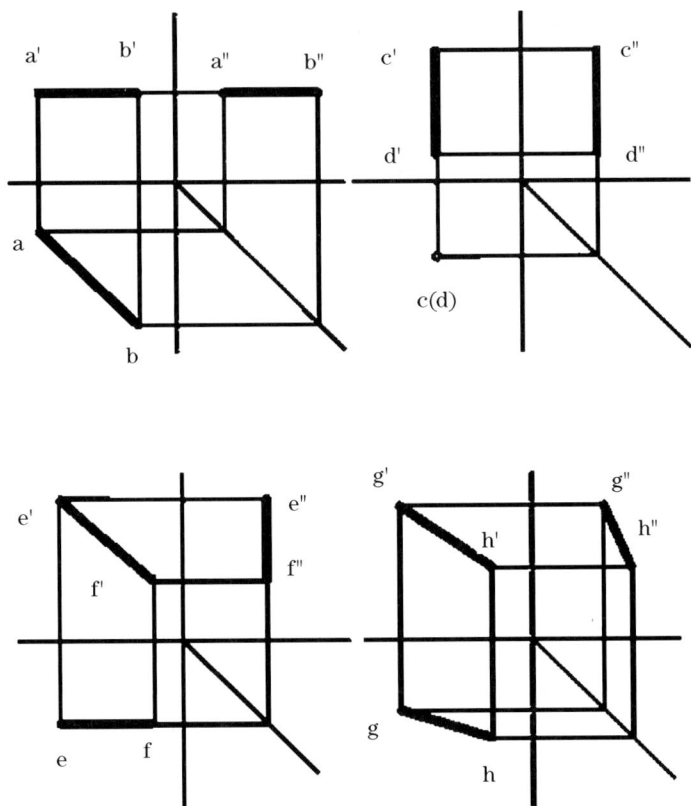

5. 从左到右依次为正平面、铅垂面、侧平面、一般位置平面。

补全后的三视图如下：

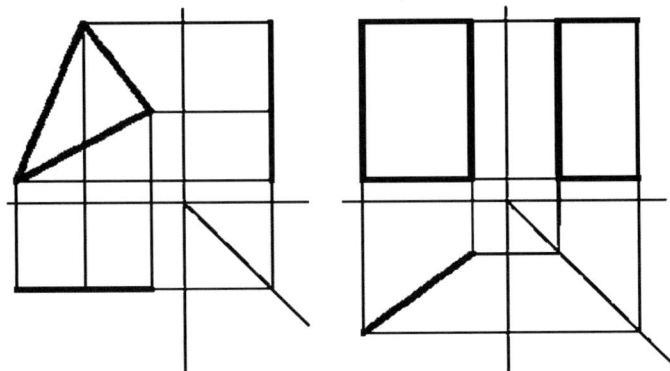

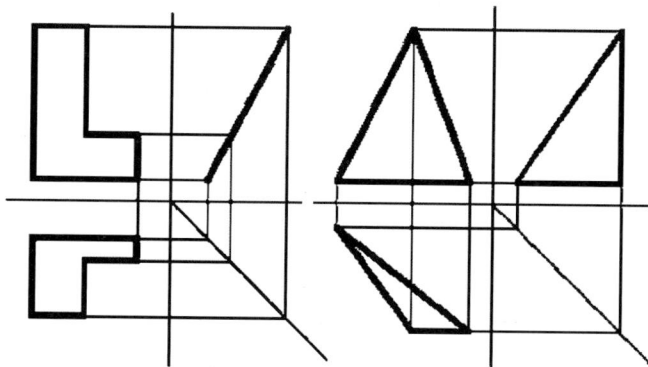

第四章

1. 根据三视图想象的形体结构如下：

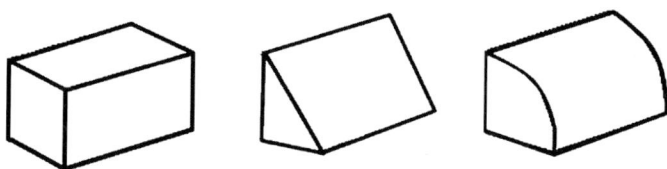

2. 将图4-8补全后的三视图如下：

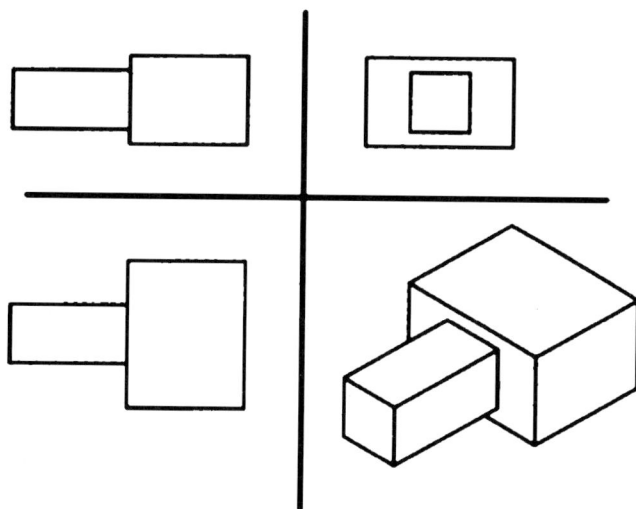

将图4-9补全后的三视图如下：

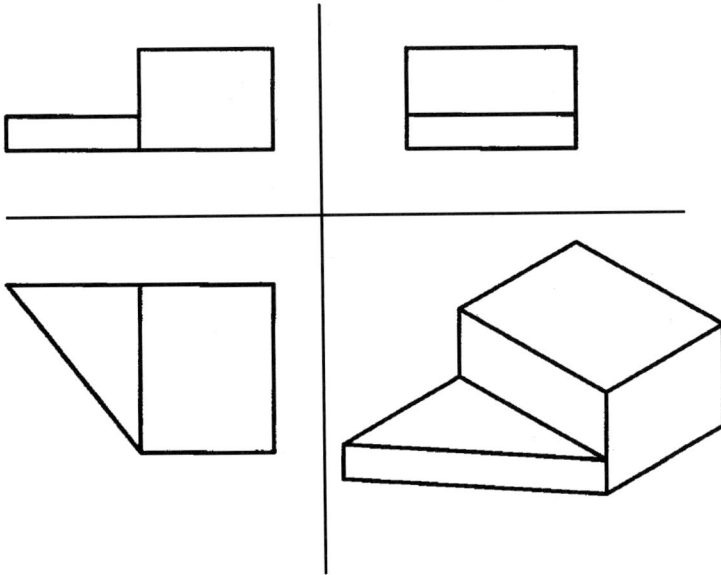

将图4-10补全后的三视图如下：

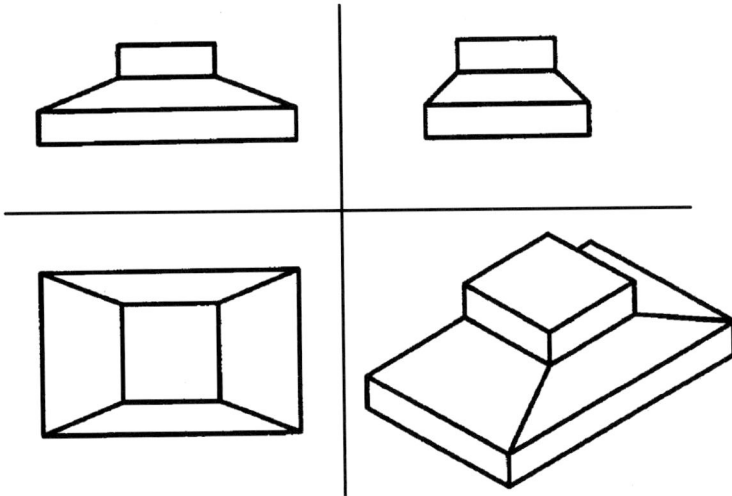

第五章

1. 略

2. 略

3. 略

图5-24的三面投影视图如下：

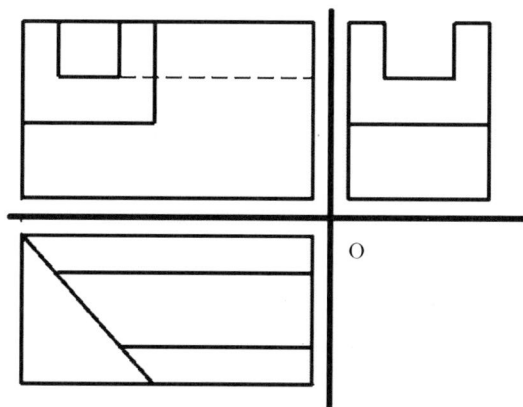

图5-25的三面投影视图如下：

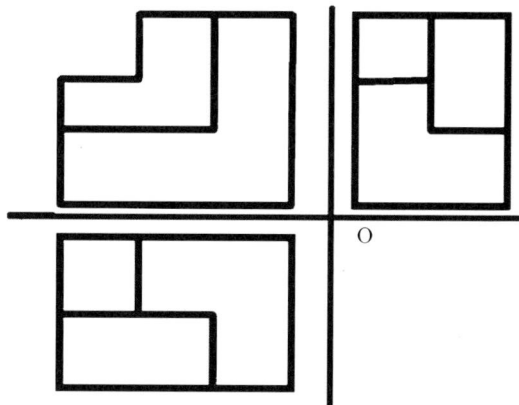

图5-26的三面投影视图如下：

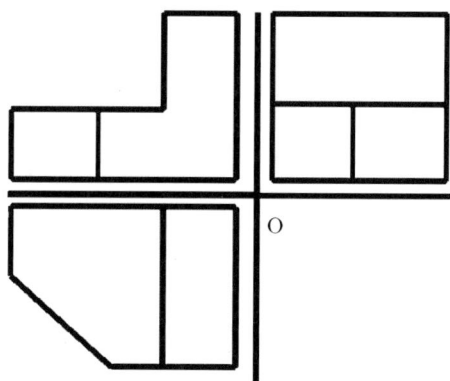

图5-27的三面投影视图如下：

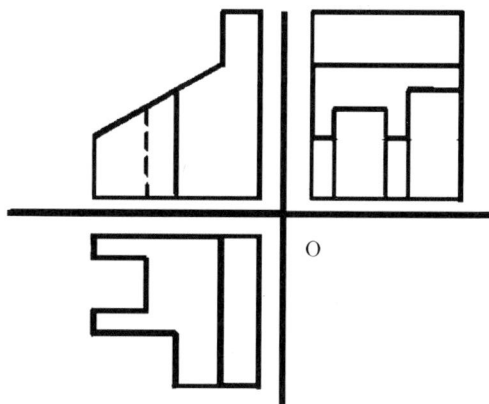

图5-28的立体效果图如下：

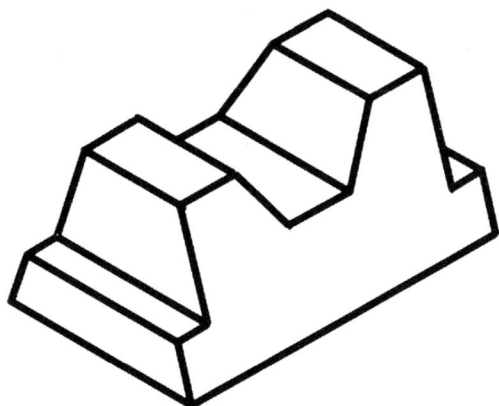

图5-29的立体效果图如下：

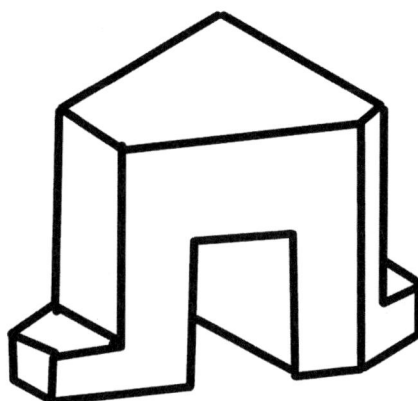

第六章

1.略

2.略

3.图6-31的正等轴测投影视图如下：

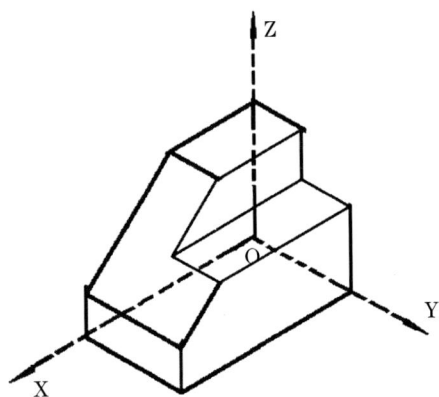

图6-32的正等轴测投影视图如下：

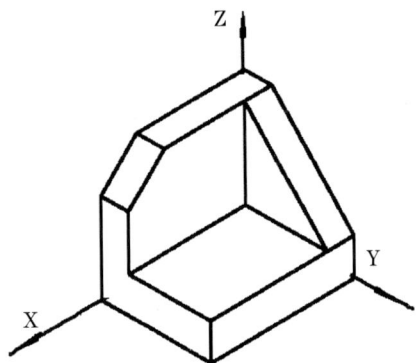

图6-33的正等轴测投影视图如下：

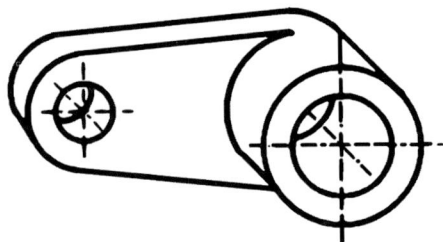

4.图6-34的斜二等轴测投影视图如下：

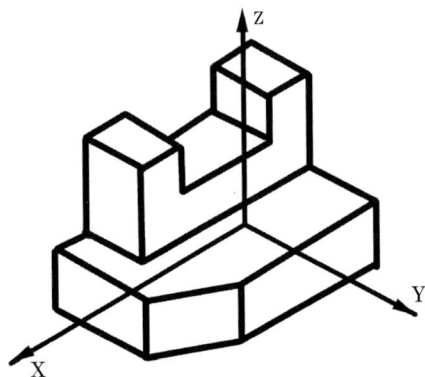

图6-35的斜二等轴测投影视图如下：

图6-36的斜二等轴测投影视图如下：

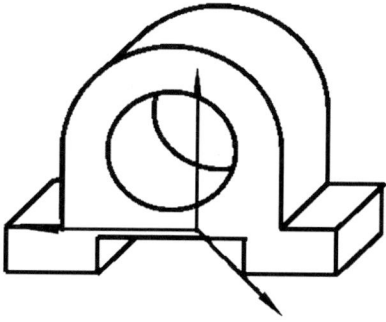

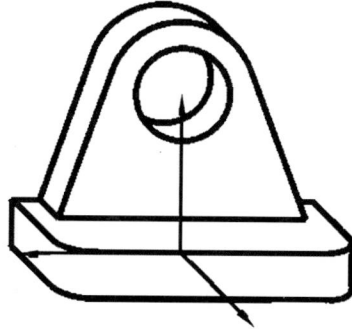

第七章

1. 略

2. 略

3. 略

4. 五棱柱被正垂面截断以后的投影如下：

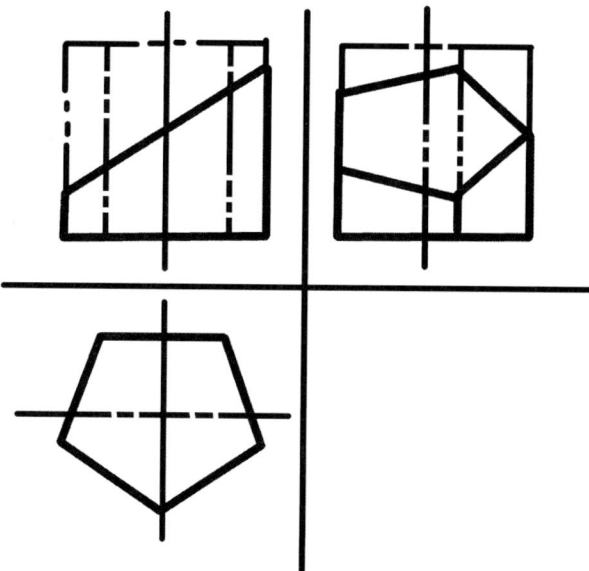

5. 两个立体的表面交线为：

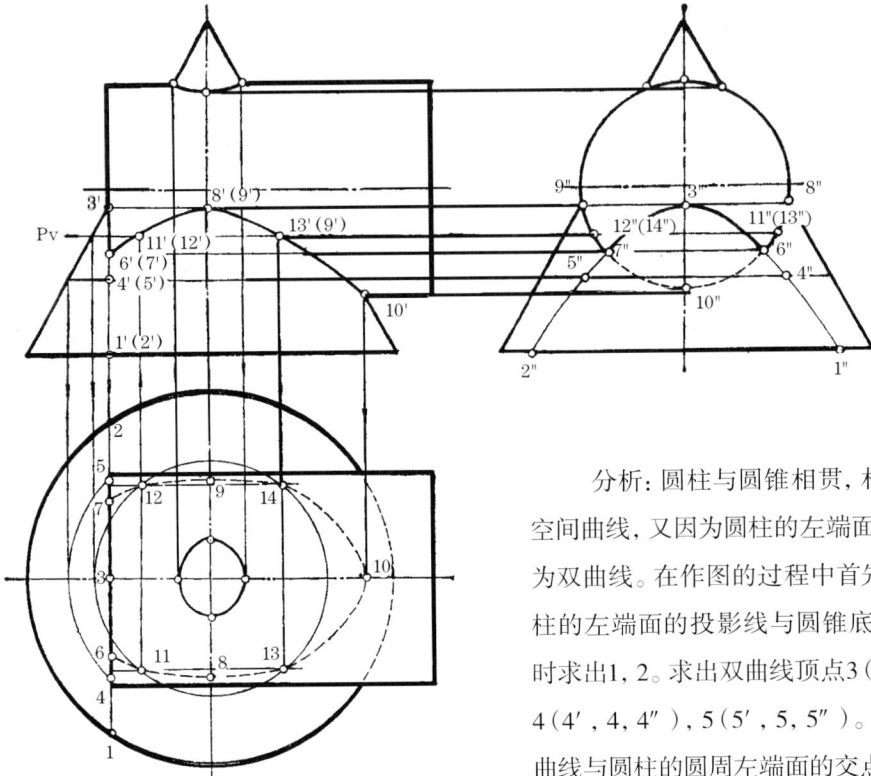

分析：圆柱与圆锥相贯，相贯线为两条粉笔的空间曲线，又因为圆柱的左端面与圆锥相交，截交线为双曲线。在作图的过程中首先选取正投影面上圆柱的左端面的投影线与圆锥底线的交点1′，2′，同时求出1，2。求出双曲线顶点3（3′，3，3″）及一般点4（4′，4，4″），5（5′，5，5″）。最后在侧面上求出双曲线与圆柱的圆周左端面的交点6″，7″，同时求出正视图上的6′，7′点。

第八章

1. 略

2. 斜椭圆锥表面的展开图如下：

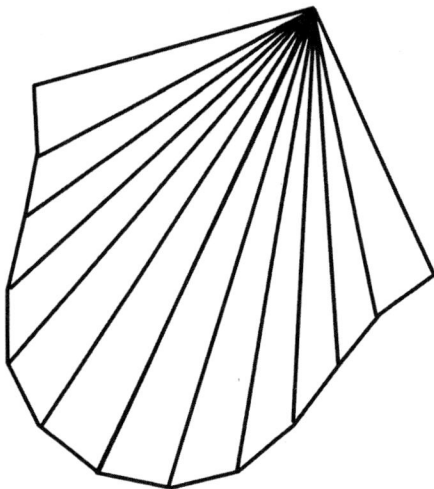